职业教育示范性规划教材
职业院校技能大赛备赛指导丛书

电机装配与运行检测技术

主　编　庄汉清
主　审（排名不分先后）
　　　陈大路　杨森林　陈振源

电子工业出版社
Publishing House of Electronics Industry
北京·BEIJING

内 容 简 介

本书是根据 2014 年全国职业院校技能大赛"电机装配与运行检测"竞赛项目的"竞赛规程",同时参考了多位指导教师指导技能竞赛的成功经验而编写的。

本书的主要内容包括:机械安装与电气安装、电气控制技术的认知、三相异步电动机装配与运行检测、他励直流电动机装配与运行检测、无刷直流电动机装配与运行检测、步进电动机装配与运行检测、交流伺服电动机装配与运行检测、电机装配与运行检测综合实训,共 8 个训练项目。本书围绕电机装配与调试、控制电路的连接、控制程序的编写、电动机的运行检测所涉及的专业知识和技能,规划了 19 个工作任务,让读者在完成工作任务的过程中,学会电机装配与运行检测技术。

本书表述简约清楚,通俗易懂,图文并茂,重点突出,教学内容贴近生产实际,贴近岗位需求,适宜职业院校机电设备运行与维护、机电技术与应用、电气运行与控制等专业的学生使用,也可供"电机装配与运行检测"竞赛项目的选手和指导教师用做备赛指导。

图书在版编目(CIP)数据

电机装配与运行检测技术/庄汉清主编. —北京:电子工业出版社,2015.6
ISBN 978-7-121-25904-3

Ⅰ.①电… Ⅱ.①庄… Ⅲ.①电机－装配(机械)②电机－运行－检测 Ⅳ.①TM30

中国版本图书馆 CIP 数据核字(2015)第 081099 号

策划编辑:白 楠
责任编辑:白 楠
印　　刷:北京虎彩文化传播有限公司
装　　订:北京虎彩文化传播有限公司
出版发行:电子工业出版社
　　　　　北京市海淀区万寿路 173 信箱　邮编　100036
开　　本:787×1 092　1/16　印张:13.5　字数:345.6 千字
版　　次:2015 年 6 月第 1 版
印　　次:2024 年 8 月第 12 次印刷
定　　价:29.00 元

本书编审委员会

（按姓氏笔画排序）

吕子乒　庄汉清　杨少光　杨森林　汪军明

陈大路　陈亚琳　陈传周　陈振源　陈继权

商联红　曾祥富　葛金印

前　言

本书是根据 2014 年全国职业院校技能大赛"电机装配与运行检测"竞赛项目的"竞赛规程"，同时参考了多位指导教师指导技能竞赛的成功经验而编写的。

"电机装配与运行检测"竞赛项目涵盖了钳工技术、机电设备运行与维护、机电技术与应用、电气运行与控制等许多专业的理论知识和专业技能，它非常适合作为职业院校机电专业及相关专业的一门专业课程，具有很强的适用性。

本书的编写以"教学内容简洁、精练，重点突出实践技能的培养"为原则，以"项目引领，任务驱动"的职业教育教学新理念为主线，体现了以下几个特点：

（1）针对性。教学内容围绕各种电机的装配与选用、可编程控制器、触摸屏的程序编写及其应用，使学生将来从事机电行业后有较强的适应能力。

（2）实用性。教材内容涉及各种电动机的装配技术和电机的运行检测技术，反映生产实际情况，具有实用性。

（3）先进性。本书除介绍常用的三相交流异步电动机、他励直流电动机以外，还介绍了无刷直流电动机、步进电动机以及交流伺服电动机等特种电动机。同时还介绍步进电机驱动器、交流伺服电机驱动器、无刷电机驱动器的使用，介绍变频器、触摸屏、可编程控制器的编程技术及其应用技术。所有这些都是当今最先进的技术。

（4）浅显性。在内容表述方面，尽量做到通俗易懂、轻松活泼、图文并茂，满足不同专业、不同层次的学生需求。

本书由庄汉清任主编，由陈大路、杨森林、陈振源任主审。

本书在编写过程中，得到浙江亚龙教育装备股份有限公司总工程师杨森林、工程师吕子乒的大力支持和协助，得到厦门市教育科学研究院陈振源主任的帮助，得到福建化工学校邱文棣、方清化等老师的帮助，得到本书编审委员会中各位专家的支持与帮助，在此一并表示衷心感谢！

编写中参考了相关文献和资料，在此也对作者表示衷心感谢！

限于编者的水平和编写时间仓促，书中难免存在错误和不足，恳请广大读者批评指正。

编　者

2015 年 2 月

目　　录

 **机械安装与电气安装**

在 YL-163A 型电机装配与运行检测实训考核装置中,中间轴传动机构和边缘轴传动机构是两个重要的配合件。其中转轴、轴承、齿轮、弹性联轴器等都是一些重要的零部件。通过完成机械零件测量与配合件的装配这项工作任务,了解机电传动系统的结构和原理,学会识读机械图样、零件基本尺寸的测量、配合件的装配以及传动机构的安装。

电气控制电路是该实训装置的另一重要组成部分。通过完成控制电路的安装与调试这项工作任务,了解继电器接触控制系统的组成与工作原理,学会选择和使用常用的低压电器,初步掌握电气控制原理图的读图方法和步骤。

任务一　机械零件测量与配合件的装配

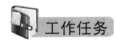

中间轴传动机构及各部件名称如图 1-1-1 所示。

图 1-1-1　中间轴传动机构及各部件名称

(1)请拆卸中间轴机构,取下转轴、齿轮、挡块、轴承、端盖。

(2)测量部分零件的尺寸,对照图样中标注的尺寸,是否有超差现象。

(3)请装配中间轴传动机构,并满足:

① 在装配前对准备装配的零件进行全面的检查,并对零件进行清理,保证接触面的尺寸公差。

② 轴承、轴承座、齿轮副的安装方法应符合工艺步骤和规范,安装后的轴承座、轴承端盖不应有松动现象。

③ 装配完成后，用手转动轴，轴应能均匀、轻快、灵活地回转。

相关知识

一、机械图样的识读

机械图样一般包括零件图和装配图，在机械设计和安装过程中都必须用到零件图和装配图，作为一般工程技术人员，都必须具有识读机械图样的能力。

在机械零件图中，表示出零件的形状、大小和主要技术要求，作为零件的加工与检测的依据；装配图表示出装配体及其组合部件的连接关系，用于指导装配体的装配、安装与使用。

读零件图的一般方法是：先看懂三视图，想象出零件的形状、大小；然后再看懂图中标注的尺寸以及技术要求等内容；在分析各视图之间关系的基础上，最后确定零件的整体结构形状。

读装配图的方法与读零件图的方法相似，在读懂零件图的基础上进一步了解各零件之间的位置关系、装配关系以及装卸的顺序，了解各零件的基本结构和作用。通过读图，分析装配体是由哪些零部件组成的，标准件还是非标准件；通过读图，学会分析整个装配体的工作原理。

二、公差与配合

机械图样，除了表示出零件和装配体的结构形状和基本尺寸外，还表示出一些重要的技术要求，如表面结构要求、几何公差、极限与配合等。这些技术要求将用符号、代号标注在图中，或者用文字加以说明。

在零件加工过程中，很难做到加工尺寸与图样尺寸一致，总会有一定的偏差。但是，为了保证零件的精度，就必须将偏差限制在一定的范围内。对于相互配合的零件，如孔与轴，这个范围既要保证相互结合的尺寸之间形成一定的关系，以满足不同的使用要求，又要考虑到经济效益。

1. 尺寸的一般标注

尺寸的一般标注会包含公称尺寸、上极限偏差和下极限偏差。以某轴的图样尺寸 $\phi 19^{-0.020}_{-0.053}$ 为例说明。

（1）公称尺寸=19mm，即为理想尺寸。

（2）极限偏差

上极限偏差=−0.020mm；下极限偏差=−0.053mm。

（3）极限尺寸

上极限尺寸=19+（−0.020）=18.980mm；下极限尺寸=19+（−0.053）=18.947mm。表明该尺寸的变动范围为 18.980～18.947mm。实际尺寸必须控制在这个范围内才算符合技术要求。

（4）尺寸公差

尺寸公差=上极限偏差−下极限偏差

=上极限尺寸−下极限尺寸=0.033mm。

2．尺寸的另一种标注

孔的尺寸标注 $\phi25H7$：公称尺寸为 25mm；公差带代号为 H7。从附录 B "常用孔公差带的极限偏差表"中查得：上极限偏差=0.021mm；下极限偏差=0；公差=0.021mm。

轴的尺寸标注 $\phi25h8$：公称尺寸为 25mm；轴的公差带代号为 h8，从附录 C "常用轴公差带的极限偏差表"中查得：上极限偏差=0；下极限偏差=-0.033mm；公差=0.033mm。

3．配合形式

把公称尺寸相同的、相互结合的孔和轴公差带之间的关系称为配合。根据使用要求的不同，可分为以下三种不同的配合形式。

（1）间隙配合

间隙配合中孔的下极限尺寸大于或等于轴的上极限尺寸。也就是说，最小孔的尺寸还大于或等于最大轴的尺寸。

（2）过盈配合

过盈配合中孔的上极限尺寸小于或等于轴的下极限尺寸。也就是说，最大孔的尺寸小于或等于最小轴的尺寸。

（3）过渡配合

过渡配合是介于间隙配合和过盈配合之间的一种配合形式。

配合形式的代号用分数形式表示，分子为孔的公差带代号，分母为轴的公差带代号。标注时，将配合代号注在公称尺寸之后，如配合件尺寸标注 $\phi25\dfrac{H7}{h8}$。

 完成工作任务指导

一、中间轴传动机构的拆卸

YL-163A 型电机装配与运行检测实训考核装置中的长轴传动机构采用内六角螺栓紧固零件，因此在拆卸中间轴传动机构时，应使用内六角扳手。除了工具外，还要准备一个存放拆卸下来的零件、元件和部件的容器，以免这些零部件丢失或弄脏。

拆卸中间轴传动机构的方法和步骤如图 1-1-2 所示。

（1）用 5mm 内六角扳手松开齿轮座螺栓　　　　（2）将传动机构从联轴器中移出

图 1-1-2　拆卸中间轴传动机构的方法和步骤

（3）拆卸齿轮座

（4）取出挡块

（5）拆卸齿轮

（6）用 3mm 内六角扳手松开端盖螺栓

（7）用橡胶锤和铜套取出轴承

（8）完成拆卸

图 1-1-2　拆卸中间轴传动机构的方法和步骤（续）

二、零件尺寸的测量

完成中间轴传动机构拆卸后，清洁并整理好所有零部件，如图 1-1-2（8）所示。用游标卡尺测量中间轴传动机构所有的组成零部件。要求：

（1）测量轴承的厚度及内外径尺寸，查找该轴承的型号。

（2）测量转轴各个部位的尺寸，是否与图中所标注尺寸 L1、L2 相符合。

（3）测量齿轮图中所标注的尺寸 L3，是否与图中所标注尺寸相符合。

（4）填写检测工艺卡中 L1、L2、L3、L4 的图纸尺寸数据和相应的实际测量数据，对照两组数据，齿轮、转轴、轴承的加工尺寸是否存在超差现象。

（5）齿轮与轴的配合、轴承与轴的配合，分别属于什么形式的配合？

（6）填写你所用的拆卸工具和测量工具的名称。

零部件的检测工艺卡见表 1-1-1。

表 1-1-1　检测工艺卡

工艺文件		产品名称	中间轴、齿轮、轴承
		产品型号	YL-163A
测试项目		中间轴、齿轮、轴承部件的几何尺寸检测	
检测内容及方法			

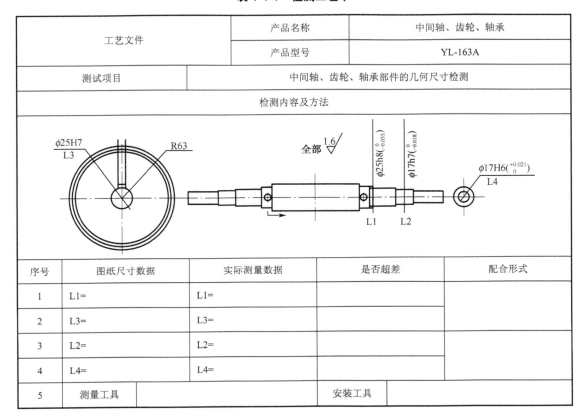

序号	图纸尺寸数据	实际测量数据	是否超差	配合形式
1	L1=	L1=		
2	L3=	L3=		
3	L2=	L2=		
4	L4=	L4=		
5	测量工具		安装工具	

三、中间轴传动机构的装配

装配中间轴传动机构的方法和步骤如图 1-1-3 所示。

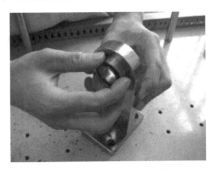

（1）装入轴承（或用橡胶锤轻敲）

（2）用 3mm 内六角扳手紧固端盖螺栓

图 1-1-3　装配中间轴传动机构的方法和步骤

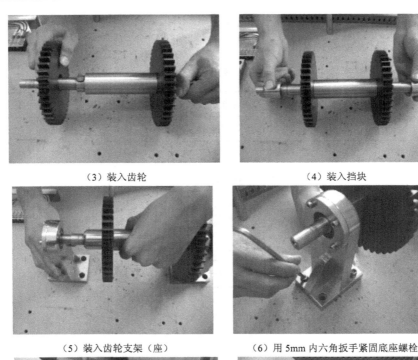

（3）装入齿轮　　　　　　　　　　　　　　（4）装入挡块

（5）装入齿轮支架（座）　　　　　　　　　　（6）用5mm内六角扳手紧固底座螺栓

（7）用5mm内六角扳手紧固联轴器螺栓　　　　（8）用手拨动齿轮，测试机构安装质量

图1-1-3　装配中间轴传动机构的方法和步骤（续）

【思考与练习】

1．请总结在完成拆卸中间轴传动机构的工作任务中，在工具的使用、安排拆卸的步骤、完成拆卸的操作等方面的体会和经验。在拆卸过程中，你遇到了什么困难？用什么方法克服了这些困难？

2．在装配中间轴传动机构的过程中，你认为要注意哪些细节？哪些操作直接影响传动机构的装配质量？

3．怎样用游标卡尺测量零件孔的外径、内径和深度？怎样减小测量的误差？

4．公称尺寸相同的孔与轴的配合形式有哪几种？你能说一说它们分别应用在什么设备上吗？填写下面的表格1-1-2。

表 1-1-2 孔与轴的配合关系

配合代号	极限偏差		公差带（图解）	配合形式
	孔	轴		
$\phi26H8/f7$				
$\phi24H7/s6$				
$\phi22k7/h6$				

5. 请拆卸边缘轴传动机构，取出短轴，用游标卡尺测量短轴的结构尺寸并标注在图 1-1-4 中。

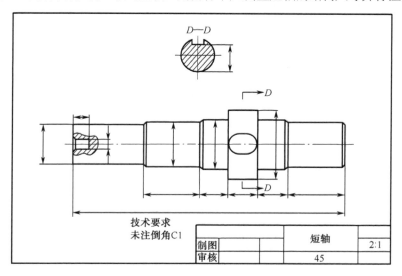

图 1-1-4 短轴零件图

6. 请填写完成机械零件测量与配合件的装配工作任务评价表（表 1-1-3）。

表 1-1-3 完成机械零件测量与配合件的装配工作任务评价表

序 号	评价内容	配 分	自 我 评 价	老 师 评 价
1	拆装传动机构使用的内六角扳手规格	10		
2	拆卸的方法与步骤是否合理	20		
3	测量零件尺寸所用测量工具的使用	10		
4	装配前是否对所有零件进行清理	20		
5	装配的方法与步骤是否合理	10		
6	装配质量是否符合要求	30		
	合 计	100		

任务二　控制电路的安装与调试

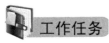 工作任务

　　根据电气控制原理图和电器元件布置图，在装置右侧钢质多网孔挂板上完成三相异步电动机星（Y）—三角（△）降压启动控制线路的安装与调试。电气原理图如图 1-2-1 所示，电器元件布置图如图 1-2-2 所示。

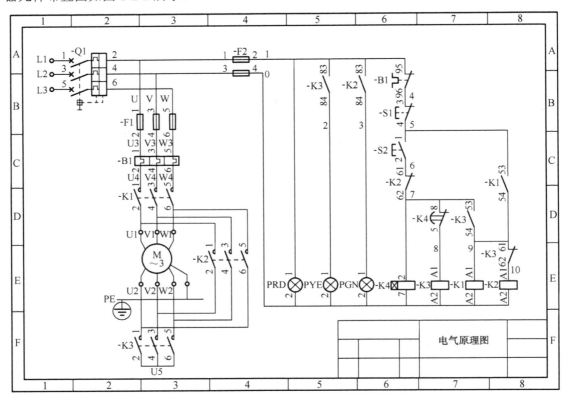

图 1-2-1　三相异步电动机星—三角降压启动控制线路电气原理图

　　（1）请根据电器元件布置图切割并安装工业线槽。

　　（2）根据电动机的功率正确选择电器元件的型号和规格，并进行质量检测；检测后，按图纸指定位置进行固定安装。器件排列要整齐、美观，安装须紧固，不能松动。

　　（3）完成控制电路的接线和调试。低压电器安装参照《电气装置安装工程低压电器施工及验收规范（GB 50244—96）》验收。控制电路的安装工艺规范要求：

　　① 所接线路导线均需压接插针或冷压叉，不得露铜。

　　② 所接线路导线均需安装号码管，号码管长度适宜、均匀一致（长度不小于 10mm），并按图纸编号进行编写。

　　③ 所接线路导线合理进入线槽（信号电线可不进线槽）。

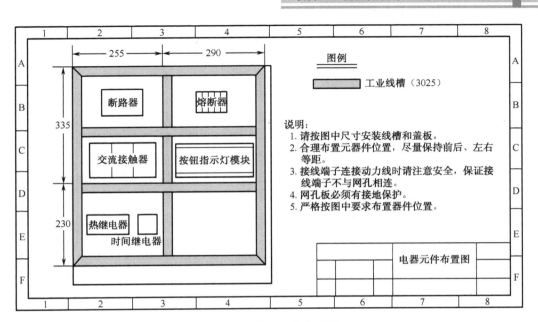

图 1-2-2　电器元件布置图

④ 所接电机主回路线、中性线应通过接线端子过渡；接地线应通过底板接地点连接；控制线缆不需通过接线端子过渡。

⑤ 主回路导线使用红色线，面积应符合设计要求（图纸标注规格）；控制回路导线使用黑色线，面积应符合设计要求（图纸标注规格）。

⑥ 中性线使用蓝色线，接地线使用黄绿双色线，面积应符合设计要求（图纸标注规格）。

⑦ PLC、驱动器控制回路导线颜色按要求使用（图纸标注规格），面积应符合设计要求（图纸标注规格）。

⑧ 每个接线端子接线不得超过 2 根。

⑨ 导线进入线槽槽口根数不超过 2 根。线槽与线槽间的过渡线缆，应做好相应的防护，防护套管应进入线槽 5～10mm。

⑩ 线槽接缝间隙最大不得大于 0.5mm。

⑪ 导线连接可靠，无松动、脱落现象。

⑫ 所连接导线清晰可辨，无铰接和明显交叉。

⑬ 所连接导线长度适宜，无明显折回现象。

⑭ 所连接导线应进线槽，线槽盖板应扣合完整。

⑮ 所连接线路应无短，控制要求符合任务要求。

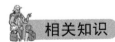 相关知识

一、常用低压电器

YL-163A 型电机装配与运行检测考核装置配置的低压电器有低压断路器、低压熔断器、

交流接触器、时间继电器、热继电器、按钮开关和指示灯等。

1. 低压断路器

低压断路器也称空气开关，它是一种既有手动开关作用，又能自动进行失压、欠压、过载和短路保护的电器。它可用来分配电能，保证不频繁地启动异步电动机，对电源线路及电动机等实行保护，当它们发生严重过载、短路、欠压等故障时能自动切断电路。由于在分断故障电流后一般不需要变更零部件，所以在技术上获得了广泛的应用。

断路器的选择要根据额定电压和额定电流、热脱扣器的整定电流和电磁脱扣器的瞬时脱扣整定电流进行考虑。断路器的一般选用原则为：

◇ 根据用途选择断路器的形式和极数；根据最大工作电流选择断路器的额定电流；根据需要选择脱扣器的类型、附件的种类和规格。

◇ 用于单台电动机的短路保护时，瞬时脱扣器的整定电流为电动机启动电流的 1.35 倍（DW 系列断路器）或 1.7 倍（DZ 系列断路器）。

◇ 用于多台电动机的短路保护时，瞬时脱扣器的整定电流为最大一台电动机启动电流的 1.3 倍再加上其余电动机的工作电流。

2. 低压熔断器

低压熔断器是低压线路和电动机控制电路中最简单、最常用的过载和短路保护电器。熔断器主要由熔体和安装熔体的熔管两部分组成。熔体是由低熔点合金制成的熔丝或熔片，熔管由陶瓷或玻璃纤维制成，在熔体熔断时兼有灭弧作用。

熔断器的熔体串联在被保护电器或电路的前面，当电路或设备发生过载、短路时，大电流将熔体迅速熔化，分断电路而起保护作用。

对低压熔断器的选择，因保护对象不同应有所区别。熔断器大多用于保护照明电路及其他电热设备、电动机等。熔断器的一般选用原则为：

◇ 用于照明及电热设备的熔断器　其熔体额定电流应等于或大于负载的额定电流。

◇ 用于单台电动机保护的熔断器　熔体额定电流可按电动机额定电流的 1.5～2.5 倍来选择。

◇ 用于多台电动机保护的熔断器　熔体电流可按最大一台电动机额定电流的 1.5～2.5 倍加上其他电动机额定电流之和。

3. 交流接触器

交流接触器是一种依靠电磁力的作用，可通过触点频繁地接通和分断电动机（或其他用电设备）电路的自动电器。它具有动作迅速、操作方便、低电压释放保护和便于远距离控制等优点。交流接触器的一般选用原则为：

◇ 根据主电路的最高电压选择主触点的额定电压。

◇ 根据主电路的最大电流选择主触点的额定电流。

◇ 根据控制回路的工作电压选择吸引线圈的额定电压。常用的交流接触器吸引线圈的额定电压有 380V、220V、127V、110V 等。

4. 时间继电器

电子式时间继电器,是利用 RC 电路电容充电时,电容器上的电压逐渐上升的原理作为延时基础。因此改变充电电路的时间常数,即可调节整定延时时间。时间继电器有通电延时型和断电延时型两种,注意其外形及管脚排列的不同。

时间继电器的选用,应根据系统的延时范围和精度选择时间继电器的类型和系列。对精度要求较高的场合可选用电子式时间继电器;根据控制线路的要求选择时间继电器的延时方式,是通电延时型或是断电延时型;根据控制线路电压选择时间继电器吸引线圈的电压。

5. 热继电器

热继电器是一种利用电流的热效应来对电动机或其他用电设备进行过载保护的控制电器。它的主要技术数据是整定电流,即热继电器长期运行而不动作的最大电流。在负载电流超过整定电流的 1.2 倍时,热继电器就能动作。热继电器的一般选用原则为:

第一,根据电动机额定电流来确定热继电器的型号及热元件的电流等级。一般应使热继电器的额定电流略大于电动机的额定电流;热元件的整定电流一般为电动机额定电流的 0.95～1.05 倍。在电动机频繁启动或正反转、启动时间长及冲击性负载等情况下,热元件的整定电流应为电动机额定电流的 1.1～1.15 倍。

第二,根据电动机定子绕组的连接方式选择热继电器的结构形式。热继电器的结构形式选用普通型结构(绕组 Y 形连接)或带断相保护装置结构(绕组△形连接)。

6. 按钮开关与指示灯

按钮开关,是一种手动控制电器。它只能短时接通或分断 5A 以下的小电流电路,向其他电器发出指令性的信号,控制其他电器动作。由于按钮载流量小,所以不能直接用它控制主电路的通断。

按钮开关大致可分为常开按钮、常闭按钮和复合按钮三种。在按下复合按钮时,先断开动断触点,再经过一定行程后才能接通动合触点;松开按钮帽时,复位弹簧先将动合触点分断,通过一定行程后动断触点才闭合。按钮开关可作启动、停止或急停使用。停止和急停用的按钮颜色必须是红色;启动用的按钮是绿色。

指示灯用来指示设备运行情况或设备发生故障时的情况。

常用低压电器如图 1-2-3 所示。

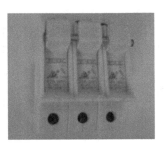

（1）断路器　　　　　　　　　　（2）熔断器

图 1-2-3　常用低压电器

（3）交流接触器　　　　　　　　　　（4）时间继电器

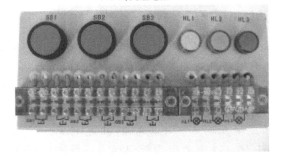

（5）热继电器　　　　　　　　　　（6）按钮开关及指示灯盒

图 1-2-3　常用低压电器（续）

二、电气图的识读

电气图主要包括电气控制电路原理图、电器元件布置图和电气安装接线图。电气图必须采用国家统一规定的电气图形和文字符号绘制。

1. 原理图的识读

原理图是根据机械动作对电气控制电路的要求，采用国家统一规定的电气图形符号和文字符号，按照电器的工作顺序排列，以说明电路的工作原理和各电器元件相互连接的关系来绘制的一种简图。它不涉及电器元件的大小、实际安装位置等内容。原理图是电气安装、调试和维修时的理论依据。绘制原理图的一般原则为：

第一，原理图主要分为主电路和控制电路，电动机回路为主电路，一般画在左边；继电器、接触器线圈、PLC 等控制器为控制电路，一般画在右边。

第二，同一电器的不同元件，根据其作用画在不同位置，但用相同的文字符号标注。

第三，同种电器使用相同的文字符号，但必须标注不同序号加以区别。

第四，图中接触器的触点按未通时的状态画出；按钮、行程开关等也是按未动作时的状态画出。

2. 布置图的识读

电器元件布置图是根据电器元件在控制板（盘）上的实际位置，采用简化的图形符号绘

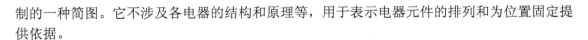

制的一种简图。它不涉及各电器的结构和原理等，用于表示电器元件的排列和为位置固定提供依据。

3. 接线图的识读

接线图是根据设备和电器元件的实际位置和安装情况绘制的，并在图中标出导线类型和规格、线号与端子号等内容，便于工程技术人员安装接线、检测电路。

三、电路检测

在完成电路接线后一定要做好电路通电前的检测工作，避免因发生短路或断路现象使电路无法正常工作。检测电路最简便的方法就是电阻测量法。

如图 1-2-4 所示电路，在电路不通电情况下，将万用表打到电阻挡，对电路的通断进行检测，从而判断故障发生的位置。

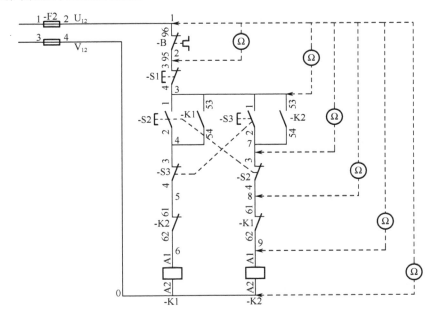

图 1-2-4　电阻检测方法示意图

利用万用表的电阻挡测量 U_{12}-V_{12} 两点间的电阻，这时电阻应为无穷大，然后按下 S2（或 S3）不放，这时电阻应约为 1000 Ω（指交流接触器线圈电阻），则线路属于正常；如果按住 S2 不放，电阻为 0，说明电路出现短路；相反，电阻为无穷大，则表明电路出现断路故障，然后逐一测量"U_{12}"与"1"、"2"……之间的电阻值或"V_{12}"与"9"、"8"……之间的电阻值。

当测量到某一编号时，电阻突然增大，说明从该测量点到前一测量点的这段电路存在断点故障。

电路图中"3"与"4"或"3"与"7"之间本身是断开的，所以在测量电阻时要人为按下按钮开关 S2（S3）或交流接触器 K1（K2）的测试钮。如果按下按钮，电路不通，说明按钮有断路故障；如果按下交流接触器的测试钮，电路不通，则说明交流接触器的辅助触点有断点故障。

 完成工作任务指导

一、控制电路的安装

YL-163A 型电机装配与运行检测实训考核装置中有一块大小约为 650mm×700mm 规格的钢质多网孔挂板及支撑机构，进行电气安装可将其展开，平时可以将安装挂板靠在实训台的右侧。完成控制电路的安装的方法和步骤如下：

1. 工具耗材准备

工业线槽、1.0mm² 红色和蓝色多股软导线、1.0mm 黄绿双色 BVR 导线、0.75mm² 黑色和蓝色多股导线、冷压接头 SVϕ1.5-4、缠绕带、捆扎带、螺丝刀、剥线钳、压线钳、斜口钳、万用表等。

2. 元器件的选择与检测

根据控制电路原理图，本次控制电路的安装与调试任务所需要的元器件有：三极空气开关、三极熔断器、单极熔断器、交流接触器、热继电器、通电延时型时间继电器、按钮开关及指示灯盒、三相异步电动机。

对以上所列的所有器件进行型号、外观、质量等方面的检测。

3. 线槽和元器件的安装

按图 1-2-2 所示的元器件布置图中标注线槽的尺寸，用卷尺量好尺寸后，夹在台虎钳上使用锯弓切割，并安装于钢质多网孔挂板上。

将检测好的元器件按图 1-2-2 所示的元器件布置图指定的位置进行排列，并安装固定。控制电路板线槽与器件安装如图 1-2-5 所示。

（1）线槽的安装　　　　　　　　　　（2）元器件的安装

图 1-2-5　控制电路板线槽与器件安装

4．连接控制电路板上的线路

根据电气控制原理图和元器件布置图，按接线工艺要求完成：

（1）控制电路板上的主电路的接线；

（2）控制电路板上的控制电路的接线；

（3）连接三相异步电动机，如图 1-2-6 和图 1-2-7 所示。

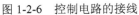

图 1-2-6　控制电路的接线　　　　　图 1-2-7　三相异步电动机的接线

整理好线路的导线，并将线槽盖板盖好。连接好的线路如图 1-2-8 所示。

二、控制电路的调试

控制电路的调试应包括检查线路、识读控制电路原理图的工作原理、通电试车的过程。

1．检查线路

如图 1-2-9 所示，线路连接结束后应对线路进行检查，首先检查连接线路是否达到连接工艺要求，是否有漏接线或导线连接错误，当线路达到工艺要求并连接完成后，再用万用表进行以下断电检测。

（1）检测电路是否存在短路故障。

（2）检测电路的基本连接是否正确。

（3）必要时还要用兆欧表测量电动机绕组等带电体与金属支架之间的绝缘电阻。

图 1-2-8　连接好的线路板　　　　图 1-2-9　通电前进行电路的检测

2．分析工作原理

（1）启动过程

按下启动按钮 S2，接触器 K3 线圈得电，K3 主触点闭合，电机绕组做星形连接；同时 K3 辅助触点 83－84 闭合、触点 61－62 断开，接触器 K1 线圈得电，K1 主触点闭合、辅助触点 83－84 闭合，电机做星形降压启动。在 K3 得电的同时，时间继电器 K4 得电开始计时，当设定的时间到，延时触点 5－8 断开，使 K3 失电，K3 的辅助触点 83－84 断开，触点 61－62 闭合，使接触器 K2 线圈得电，其主触点闭合，辅助触点 61－62 断开，电机切换为三角形全压运行。

（2）停止过程

按下停止按钮 S1，接触器 K1、K2 均失电，接触器 K1 的辅助触点 83－84 恢复断开，自锁解除。K1、K2 的主触点全部释放断开，电动机停止转动。

3．通电试车

在完成电路检测、工作原理分析后，根据控制原理图的控制要求进行通电试车。操作方法和步骤如下：

（1）接通实训装置的总电源后，顺时针方向旋转三相调压器的旋钮，将三相交流电源电压调至 220V（三相监控制仪表电压读数为 127V）。

（2）断开实训装置的总电源，将三相电源连接到控制电路板的端子排上。

（3）合上总电源开关，按下启动按钮 S2，接触器 K1、K3 闭合，电动机做星形降压启动；延时一段时间（可设定 5s）后，接触器 K3 失电后，K2 得电，电动机切换为三角形全压运行。

按下停止按钮 S1，接触器 K1、K2 均失电，电动机停止转动。

在通电试车过程中，应注意观察交流接触器的吸合情况、电动机的转速变化情况和转动方向。

（4）完成调试工作任务后，断开实训台总开关。

> **安全提示：**
>
> 连接电路的所有工作都必须在断开电源的状态下进行。因此，断开三极空气开关后必须用验电器验电。操作时应有人监护。
>
> 注意，YS7124 型三相异步电动机的额定工作电压为 220V，因此，电源相电压只能为 127V。

【思考与练习】

1．你觉得按"完成工作任务指导"中的步骤安装与调试控制电路合理吗？你能自己设计电气控制电路的安装与调试的工艺步骤吗？请说出你的想法。

2．三相异步电动机铭牌上给出工作电流的额定值，你能正确选择空气开关、交流接触器、熔断器、热继电器等器件的型号和规格吗？请说出你的选择方法。

3．交流接触器的吸引线圈额定工作电压常用的有哪几种规格？交流接触器的型号包含哪些内容？新购买的交流接触器验收时，应该检查哪些问题？

4．三相异步电动机星—三角降压启动电路在通电运行中常见故障：①按下启动按钮，电机无法启动；②按下启动按钮后电机启动，但不能切换至三角形运行；③按下启动按钮后电机启动，延时后电机停止转动；④按下启动按钮后电机启动，延时后自动切换至三角形全压运行。按下停止按钮时，电机无法停止。你在完成三相异步电动机星—三角降压启动控制线路的安装与调试工作任务中，遇到过类似的故障现象吗？如果有，你是怎样查找故障原因的？

5．根据如图 1-2-10 所示电气原理图，完成一台三相异步电动机正反转控制电路的安装与调试（元器件布置图自行设计）。

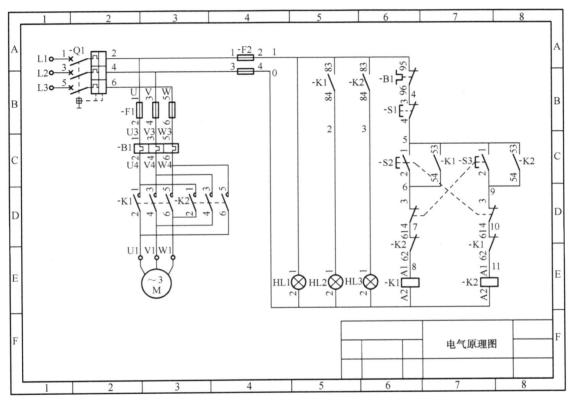

图 1-2-10　三相异步电动机正反转控制电路

6．请填写完成控制电路的安装与调试工作任务评价表（表 1-2-1）。

表 1-2-1　完成控制电路的安装与调试工作任务评价表

序　号	评　价　内　容	配　　分	自 我 评 价	老 师 评 价
1	线槽尺寸及安装工艺是否符合要求	5		
2	元器件的选择、安装位置是否正确	10		
3	元器件的排列是否整齐、美观	10		
4	元器件的安装是否紧固、不松动	10		
5	导线连接是否符合工艺规范要求	10		

续表

序　号	评 价 内 容	配　分	自 我 评 价	老 师 评 价
6	完成接线后是否盖上盖板	10		
7	控制电路调试时，电机是否正常运行	10		
8	调试时有无短路故障现象	10		
9	作业过程中是否符合安全操作规程	10		
10	工具、耗材摆放、废料处理是否合理	10		
11	完成工作任务后，工位是否整洁	5		
合　　计		100		

项目 二 电气控制技术的认知

在 YL-163A 型实训装置里，配置了现代控制技术中不可缺少的可编程控制器、变频器和触摸屏等控制器。本项目中，我们通过完成编写异步电动机降压启动控制的 PLC 程序、模拟双速电动机运行控制电路的安装与调试、编写多段速运行控制的触摸屏程序等工作任务，了解 PLC、变频器及触摸屏等控制器的基本结构和原理，熟悉 PLC 程序软件的使用，掌握 PLC 程序的编写方法和技巧；掌握变频器参数的设置和操作方法；初步掌握触摸屏控制画面的制作方法；通过完成本项目这三个工作任务，将可编程控制器技术、变频调速技术和触摸屏人机界面控制技术综合应用，加深对电气控制技术的认知。

任务一 编写三相异步电动机降压启动控制的 PLC 程序

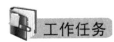

某三相交流异步电动机采用 PLC 自动控制，按下启动按钮 S1，电动机 Y 形启动，延时 5s 后自动切换为△形运行（交流接触器切换时间为 0.4s）；按下停止按钮 S2，电动机停止转动。电气原理图如图 2-1-1 所示。

请根据以上要求，完成下列工作任务：

（1）根据电气原理图正确选择元器件，按图 2-1-2 所示的电器元件布置图排列元器件并固定安装。

（2）按照电气原理图连接电路，接线工艺符合要求。

（3）根据工作过程要求编写 PLC 程序。

（4）调试 PLC 程序以达到工作过程要求。

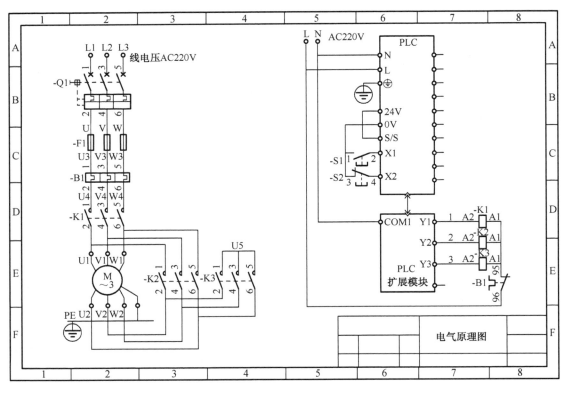

图 2-1-1　电气原理图

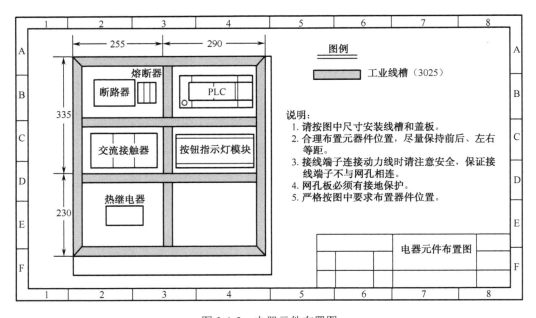

图 2-1-2　电器元件布置图

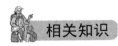

相关知识

一、可编程控制器（PLC）

用于自动控制的元件和器件很多，PLC 具有编程方法简单易学、接线简单、抗干扰能力强、稳定性好、性价比高、系统的安装与调试工作量少等特点，所以被广泛应用于工业控制中。YL-163A 电机装配与运行检测实训装置上使用的 PLC 是三菱 FX3U-32M，扩展模块为 FX2N-16EYR，如图 2-1-3 所示。

图 2-1-3　三菱 PLC 外观

二、PLC 编程基础知识

1. PLC 的编程语言

PLC 常用的编程语言有四种：梯形图、指令表、状态流程图、高级语言。

（1）梯形图

四种编程语言中，梯形图是用得最多的一种编程语言，它形象、直观、实用，类似于电气控制系统中继电接触器控制电路图，逻辑关系清晰可辨。梯形图设计要遵行一定的规则，如表 2-1-1 中左图为不符合设计规则的，右图为正确的。

表 2-1-1　梯形图结构对照表

序　号	不　正　确	正　确
1	x0 —|/|— (y000) x1 —| |—	x0 x1 —|/|—| |— (y000)
2	(y000)	x1 —| |— (y000)
3	x1 —| |— (y000) x2 —| |— (y000)	x1 —| |— (y000) x2 —| |—

续表

序　号	不　正　确	正　确
4	x1—(y000)；x2—x3	x2—x3—(y000)；x1
5	x3—x2—(y000)；x1	x2—x3—(y000)；x1
6	x2—x3—(y000)；—(y0001)	x2—(y000)；x3—(y0001)
7	x1—x2—(y000)；x5；x3—x4	x1—x5—x4—(y000)；x3；x3—x5—x2；x1

（2）指令表

指令表也称助记符，是用若干个容易记忆的字符来代替 PLC 的某种操作功能。表 2-1-2 列出了 PLC 的一些常用指令符。

表 2-1-2　PLC 常用指令符

序　号	指令符名称	功　能　说　明
1	LD	取（加载动合接点）
2	LDI	取反（加载动断接点）
3	OUT	输出线圈驱动指令
4	AND	与（串联动合接点）
5	ANI	与非（串联动断接点）
6	OR	或并行连接 a 接点（并联动合接点）
7	ORI	或非并行连接 b 接点（并联动断接点）
8	LDP	取脉冲上升沿
9	LDF	取脉冲下降沿
10	ANDP	与脉冲上升沿检测串行连接
11	ANDF	与脉冲（F）下降沿检测串行连接
12	ORP	或脉冲上升沿检测串行连接
13	ORF	或脉冲（F）下降沿检测并行连接
14	ORB	电路块或块间并行连接
15	ANB	电路块与块间串行连接
16	INV	运算结果取反

续表

序　号	指令符名称	功　能　说　明
17	PLS	上升沿检出指令
18	PLF	下降沿检出指令
19	SET	置位动作保存线圈指令
20	RST	复位动作保存解除线圈指令
21	STL	步进接点指令（梯形图开始）
22	RET	步进返回指令（梯形图结束）
23	MOV	传送
24	ADD	BIN 加法
25	SUB	BIN 减法
26	MUL	BIN 乘法
27	DIV	BIN 除法
28	INC	BIN 加 1
29	DEC	BIN 减 1
30	ZRST	区间复位
31	PLSY	脉冲输出

（3）状态流程图

状态流程图也叫顺序功能图或状态转移图，它将一个控制过程分为若干个阶段，每一个阶段视为一个状态。状态与状态之间存在某种转移条件，当相邻两个状态之间的转移条件成立时，状态就发生转移，即当前状态的动作结束的同时，下一状态的动作开始。

状态流程图用流程框图表示，图 2-1-4 所示的流程图为常用的四种类型。

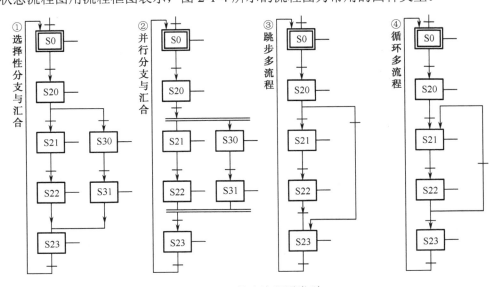

图 2-1-4　状态流程图类型

PLC 有两条步进指令：STL 和 RET。这两条指令是针对状态流程图进行编写程序用的特殊语句。STL 表示步进开始，RET 表示步进结束。

（4）高级语言

PLC 还可以采用高级语言编程，如 BASIC、FORTRAN、PASCAL、C 语言。

2. PLC 编程软件的使用

不同的可编程控制器，其编程软件也不相同，下面以三菱的 GX Developer 软件为例来学习如何使用 PLC 编程软件。

GX Developer 软件具有 PLC 控制程序的创建、程序写入和读出、程序监控和调试、PLC 的诊断等功能。下面以完成如图 2-1-5 所示的启动与停止控制程序的输入为例，说明 GX Developer 软件的基本操作。

（1）GX Developer 软件的界面

GX Developer 软件的界面如图 2-1-5 所示。

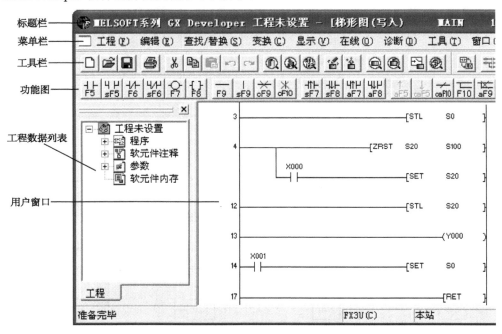

图 2-1-5　GX Developer 软件的界面

（2）创建新工程

单击菜单栏中的"工程"，选择"创建新工程"即可打开如图 2-1-6 所示的对话框。

在对话框中，"PLC 系列"选项应根据所使用的 PLC 系列来选择。如我们使用的 PLC 型号为 FX3U-32M 时，"PLC 系列"选项应选择"FXCPU"；"PLC 类型"选择"FX3U（C）"，"程序类型"选择"梯形图"。工程名设定和保存路径可以在选择"设置工程名"选项后进行设置，也可以在程序进行保存时再设置。

（3）程序编写

新工程建立后就可以在用户窗口进行梯形图的输入了。输入时可采用"功能图"进行编程，也可以采用"指令符"或"快捷键"方式。采用键盘输入时，请参照表 2-1-3。最后完成如图 2-1-5 所示的梯形图程序。

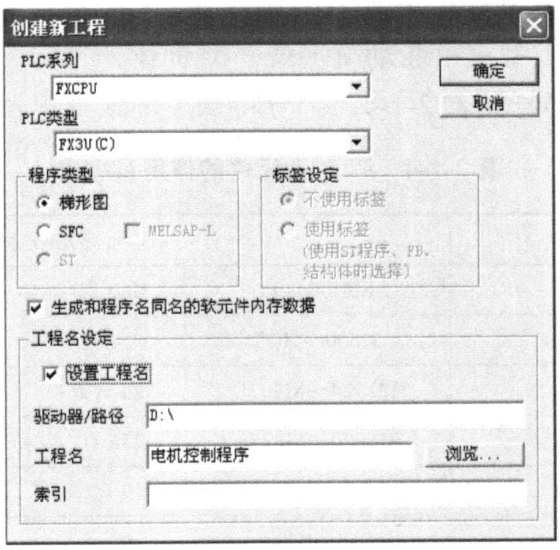

图 2-1-6 创建新工程对话框

表 2-1-3 快捷键输入

元件或指令	快　捷　键	元件或指令	快　捷　键
常开触点（<u>A</u>）	F5	横线（<u>H</u>）	F9
常闭触点（<u>B</u>）	F6	竖线删除（<u>D</u>）	Ctrl+F10
并联常开触点（<u>O</u>）	Shift+F5	横线删除（<u>L</u>）	Ctrl+F9
并联常闭触点（<u>R</u>）	Shift+F6	上升沿脉冲（<u>P</u>）	Shift+F7
线圈（<u>C</u>）	F7	下降沿脉冲（<u>S</u>）	Shift+F8
应用指令（<u>F</u>）	F8	并联上升沿脉冲（<u>U</u>）	Alt+F7
竖线（<u>V</u>）	Shift+F9	并联下降沿脉冲（<u>T</u>）	Alt+F8

（4）程序变换

在完成梯形图的输入并检查无误后，应对梯形图进行变换/编译操作，将其变换为 PLC 的执行程序，否则编辑中的程序无法保存和下载运行。具体操作方法是：直接单击工具栏中的"程序变换/编译"按钮即可。

（5）注释编辑

对程序中用到的软元件进行注释，有助于我们阅读和理解程序，尤其是在进行调试和修改程序时帮助更大。具体操作是：先单击工具栏中的"注释编辑"按钮，然后双击梯形图中需要进行注释的元件进行注释。注释可通过"显示"菜单项中的"注释显示"选项来打开或关闭显示。

除此之外，PLC 还有保存程序、下载程序、上载程序、在线修改、监视模式等功能。

3. PLC 软元件

PLC 软元件是指输入继电器（X）、输出继电器（Y）、辅助继电器（M）、状态继电器（S）、定时器（T）、计数器（C）、数据寄存器等。

YL-163A 实训装置配置的三菱可编程控制器 FX3U-32M，输入端口有 X0～X17；输出端口有 Y0～Y17，为晶体管输出类型，可驱动直流负载。扩展模块 FX2N-16ERY，输出端 Y0～Y7 共两组，为继电器输出类型，可驱动直流或交流负载。

PLC 软元件的作用及编号见表 2-1-4。部分特殊用辅助继电器见表 2-1-5。

表 2-1-4　PLC 软元件的作用及编号

项　目		FX3U 系列	
辅助继电器	一般用　　*1	M0～M499	500 点
	保存用　　*2	M500～1023	524 点
	保存用　　*3	M1024～M3071	2048 点
	特殊用	M8000～M8255	256 点
状态继电器	初始化　　*1	S0～S9	10 点
	一般用　　*2	S10～S499	490 点
	保存用　　*3	S500～S899	400 点
	信号用	S900～S999	100 点
定时器	100ms	T0～T199	200 点（0.1～3276.7s）
	10ms	T200～T245	46 点（0.01～327.67s）
	1ms 累计型　*3	T246～T249	4 点（0.001～32.767s）
	100ms 累计型　*3	T250～T255	6 点（0.1～3276.7s）
计数器	16 位单向　　*1	C0～C99	100 点（0～32767 计数）
	16 位单向　　*2	C100～C199	100 点（0～32767 计数）
	32 位双向　　*1	C200～C219	20 点（−2147483648～+2147483647）计数
	32 位双向　　*2	C220～C234	15 点（−2147483648～+2147483647）计数
	32 位高速双向*2	C235～C255	21 点（−2147483648～+2147483647）计数
数据存储器	16 位通用　　*1	D0～D199	200 点
	16 位保存用 *2	D200～D511	312 点
	16 位保存用 *3	D512～D7999	7488 点（D1000 以后可以 500 点为单位设置文件寄存器）
	16 位特殊用	D8000～D8255	256 点
	16 位变址寻址用	V0～V7, Z0～Z7	16 点

注：*1—非电池保存区，通过参数设置可变为电池保存区；*2—电池保存区，通过参数设置可以改为非电池保存区；*3—电池保存固定区，区域特性不可改变。

表 2-1-5　部分特殊用辅助继电器

M 元件	M 元件的描述	M 元件	M 元件的描述
M8000	PLC 运行时置为 ON 状态	M8002	PLC 运行的第一周期时为 ON
M8011	10ms 时钟周期的振荡时钟	M8012	100ms 时钟周期的振荡脉冲
M8013	1s 时钟周期的振荡脉冲	M8029	脉冲指令执行完成时置 ON

完成工作任务指导

一、控制电路的安装

在 YL-163A 型电机装配与运行检测实训装置中的多网孔板上完成三相异步电动机降压启动控制电路。完成控制电路的安装任务的方法和步骤如下：

1. 工具耗材准备

工业线槽、1.0mm² 红色和蓝色多股软导线、1.0mm 黄绿双色 BVR 导线、0.75mm² 黑色和蓝色多股导线、冷压接头 SVϕ1.5-4、缠绕带、捆扎带、螺丝刀、剥线钳、压线钳、斜口钳、万用表等。

2. 元器件的选择与检测

根据控制电路原理图，本次控制电路的安装与调试任务所需要的元器件有：三极空气开关、三极熔断器、交流接触器、热继电器、三菱可编程控制器 FX3U-32M、扩展模块 FX2N-16EYR、按钮开关及指示灯盒、三相异步电动机。

对以上所列的所有器件进行型号、外观、质量等方面的检测。

3. 线槽和元器件的安装

线槽尺寸及安装方法与项目一任务二中图 1-2-2 所示的相同。将已检测好的元器件按图 2-1-7 所示的位置进行排列，并安装固定。

4. 连接控制电路板上的线路

根据电气控制原理图，按接线工艺要求完成：

① 控制电路板上的主电路的接线；
② 控制电路板上的 PLC 控制电路的接线；
③ 连接三相异步电动机。

整理好线路的导线，并将线槽盖板盖好。连接好的线路如图 2-1-7 所示。电路的安装工艺要求如下：

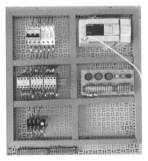

图 2-1-7 控制电路板

① 连接导线选用正确。
② 电路各连接点连接可靠、牢固、不压皮，导线不露铜。
③ 进接线排的导线都需要套好号码管并编号。
④ 同一接线端子的连接导线最多不能超过 2 根。

二、PLC 控制程序的编写

1. 分析控制要求，画出自动控制的工作流程图

分析控制要求不难发现，工作过程可分为三个阶段进行：第一阶段电机星形接法，K1、

电机装配与运行检测技术

K3 得电；第二阶段星形切换至三角形的过渡，即 K3 失电；第三阶段三角形接法，K1、K2 得电。这三个阶段按时间顺序依次进行。我们可以先画出自动控制的工作流程图，工作流程图如图 2-1-8 所示，然后根据我们前面学习过的 PLC 编程方法来实现。

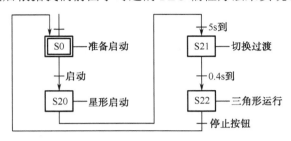

图 2-1-8　工作流程图

2. 编写 PLC 控制程序

根据所画出的流程图的特点，确定编程思路。本次任务要求的工作过程是由时间来控制电动机以星形接法启动和三角形接法运行。我们抓住"时间控制"这一特点来编程，先编写启停控制程序，再编写定时控制程序，最后根据工作过程要求编写控制输出的程序。它们的梯形图程序如图 2-1-9 所示，步进指令的梯形图程序如图 2-1-10 所示。

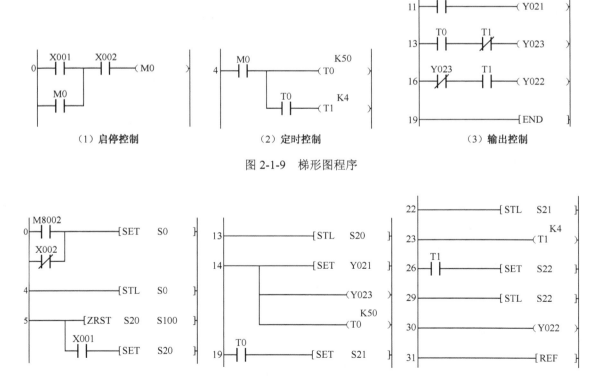

图 2-1-9　梯形图程序

图 2-1-10　步进指令梯形图程序

28

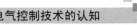

安全提示：

　　要正确使用安装工具，防止在操作过程中发生伤手的事故；电动机等较重器材要小心搬放，防止在搬放过程中掉落，造成器材损坏或伤人事故；连接电路的所有工作都必须在断开电源的状态下进行。

三、PLC 控制电路的调试

　　检查电路正确无误后，将设备电源控制单元的三相 220V 和单相 220V 两种电源连接到控制电路板端子排上。电源控制单元面板如图 2-1-11 所示。

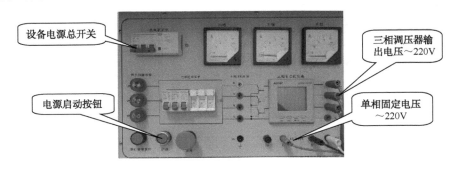

设备电源总开关

电源启动按钮

三相调压器输出电压～220V

单相固定电压～220V

图 2-1-11　电源控制单元面板图

　　接通电源总开关，按下电源启动按钮，下载 PLC 程序，按照工作任务描述按下启动按钮 S1，检查电动机是否按要求的工作流程运行；按下停止按钮 S2，检查电机是否立即停止工作。

【思考与练习】

　　1．你认为在安装电路的过程中应该注意些什么？你认为任务中的安装步骤合理吗？请说出你的看法。

　　2．完成"编写三相异步电动机降压启动 PLC 控制程序"工作任务中，什么问题最重要？你遇到什么困难？你是如何解决的？

　　3．PLC 自动控制原理图的热继电器 B1 是起什么作用的？当热继电器 B1 发生动作时，三相异步电动机会停止工作吗？PLC 还会继续运行吗？

　　4．将热继电器 B1 的常闭触点作为开关量接到 PLC 的输入端（X3），要求当热继电器发生动作时，电动机立即停止工作，怎样编写 PLC 控制程序？

　　5．本次工作任务中三相异步电动机从星形接法切换到三角形接法必须有一个 0.4s 的延时时间，这是为什么？如果忽略了这个时间，会发生什么现象？如果不需要这个时间，该怎么办？

　　6．PLC 输出端口有继电器类型、晶体管类型、晶闸管类型，它们分别可以驱动什么负载？本次工作任务中用的 PLC 的型号是 FX3U-32M、FX2N-16EYR，各属于什么类型输出端口，分别驱动什么负载？

　　7．你会根据控制要求列出 PLC 的输入/输出地址分配表吗？请根据下列控制要求编写 PLC 控制程序，要求写出两种不同形式的梯形图程序。

控制要求：PLC 控制两个交流接触器 K1 和 K2，实现一台三相异步电动机的正反转运行。按下按钮 S1，电动机正转启动；按下 S3，电动机停止；按下 S2，电动机反转启动。

8. 请填写完成编写三相异步电动机降压启动控制的 PLC 程序工作任务评价表（表 2-1-6）。

表 2-1-6　完成编写三相异步电动机降压启动控制的 PLC 程序工作任务评价表

序　号	评价内容	配　分	自我评价	老师评价
1	线槽尺寸及安装工艺是否符合要求	5		
2	元器件的选择、安装位置是否正确	5		
3	元器件的排列是否整齐、美观	5		
4	元器件的安装是否紧固、不松动	5		
5	电路连接所选元器件是否有问题	5		
6	电路连接有无不牢，或外露铜丝是否超过 2mm	5		
7	同一接线端子上连接导线是否超过 2 条	5		
8	接线端子排上的连接导线有无未套号码管的现象	5		
9	导线压接是否有露铜、压皮现象	5		
10	完成接线后是否盖上盖板	5		
11	调试时，按下启动按钮 S1，电机是否正常启动	5		
12	调试时，按下停止按钮 S2，电机是否会停止工作	5		
13	调试时有无短路故障现象	5		
14	你完成该工作任务的步骤：	10		
15	根据工作过程的特点，你是怎样确定编程思路的：	10		
16	作业过程中是否符合安全操作规程	5		
17	工具、耗材摆放、废料处理是否合理	5		
18	完成工作任务后，工位是否整洁	5		
	合　计	100		

任务二　模拟双速电动机运行控制电路安装与调试

 工作任务

由一台变频器控制一台三相交流异步电动机实现模拟双速电动机运行。按下低速启动按钮 S2，电机以 25Hz 启动运行；按下高速启动按钮 S3，电机以 50Hz 启动运行；运行中按下停止按钮 S1，电机停止工作。低速与高速的切换必须在电动机停止后才能切换。电动机的旋转方向可选择一个固定方向，如正转或反转。电气原理图如图 2-2-1 所示。

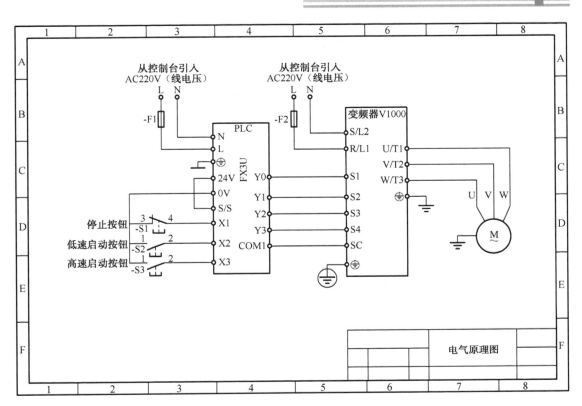

图 2-2-1　电气原理图

请根据以上要求，完成下列工作任务：

（1）根据电气原理图正确选择元器件，按图 2-2-2 所示的电器元件布置图排列元器件并固定安装。

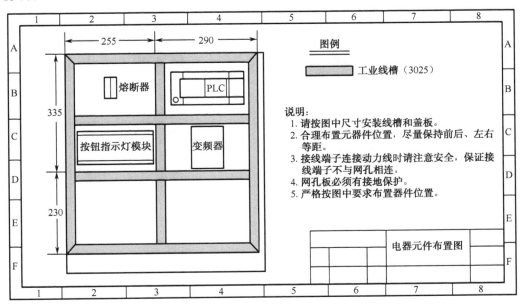

图 2-2-2　电器元件布置图

（2）按照电气控制原理图连接好电路，接线工艺规范符合要求。

（3）根据电动机的运行要求编写 PLC 程序。

（4）设置变频器参数，使电动机能按下列要求运行：

① 电动机能以 25Hz、50Hz 两种频率正转或反转运行；

② 电动机启动（加速）时间为 4.0s，停止（减速）时间为 1.5s。

（5）下载 PLC 程序，调试设备达到控制要求。

相关知识

图 2-2-3　V1000 变频器的外形

变频器是一种利用电力半导体器件的开关作用将工频电源的频率变换为另一频率的电能控制器。通用变频器几乎全都是交-直-交型变频器，是一种电压频率变换器，将 50Hz 的交流电变换为直流电，再根据控制要求把直流电逆变成频率与电压成正比，且连续可调的交流电。在交流异步电动机的多种调速方法中，变频器调速方法的性能最好。它具有调速范围大、静态稳定性好、运行效率高等特点，在生产和生活中得到广泛应用。

YL-163A 型电机装配与运行检测实训装置选用 V1000 变频器。V1000 变频器的外形如图 2-2-3 所示。

一、V1000 变频器的结构

V1000 变频器的结构如图 2-2-4 所示，各部分名称见表 2-2-1。

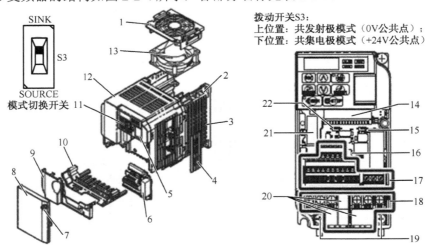

图 2-2-4　V1000 变频器的结构图

表 2-2-1　变频器各部分名称

序　号	名　称	序　号	名　称
1	风扇外罩	2	安装孔

序　号	名　　称	序　号	名　　称
3	散热	13	冷却风扇
4	24V 控制电源单元接口外罩	14	装卸式端子排插头
5	通信用接口	15	拨动开关 S1：主速频率设定用
6	带参数备份功能的装卸端子排	16	拨动开关 S3：模式切换用
7	安装螺钉	17	带参数备份功能的装卸端子排
8	前外罩	18	主回路端子
9	端子外罩	19	接地端子
10	下部外罩	20	防接线错误保护罩
11	LED 操作器	21	选购卡接口
12	壳体	22	拨动开关 S2：MEMOBUS 终端电阻的设定开关

二、V1000 变频器的接线

1. 主电路接线

V1000 变频器主电路接线端子的说明见表 2-2-2。V1000 变频器主电路电源和电动机的接线如图 2-2-5 所示。220V 电源必须接变频器 R、S 端子，位于变频器左侧，绝对不能接 U、V、W 端子，否则会损坏变频器。三相交流异步电动机接到变频器的 U、V、W 端子，位于变频器的右侧。

表 2-2-2　V1000 变频器主电路接线端子的说明

端子记号	端子名称	说　　明
R/L1	电源输入	连接工频电源。对于单相 200V 输入的变频器，仅使用 R/L1、S/L2 两端（对 T/L3 端子不做任何连接）
S/L2		
T/L3		
U/T1	变频器输出	连接三相交流异步电动机
V/T2		
W/T3		
B1	制动电阻器连接	是连接制动电阻或制动电阻器单元的端子
B2		
+1	DC 电抗器连接	是连接 DC 电抗器的端子。连接时，请拆下+1、+2 间的短接片
+2		
⏚	接地	变频器外壳接地用，必须接地

2. 控制电路接线

V1000 变频器控制回路接线端子图如图 2-2-6 所示。

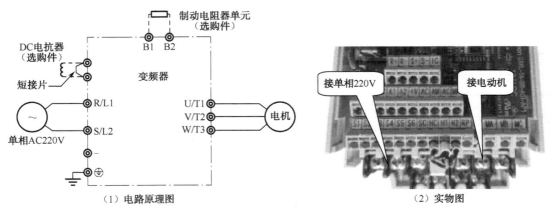

（1）电路原理图 　　　　　　　　　　（2）实物图

图 2-2-5　V1000 变频器主电路电源和电动机的接线

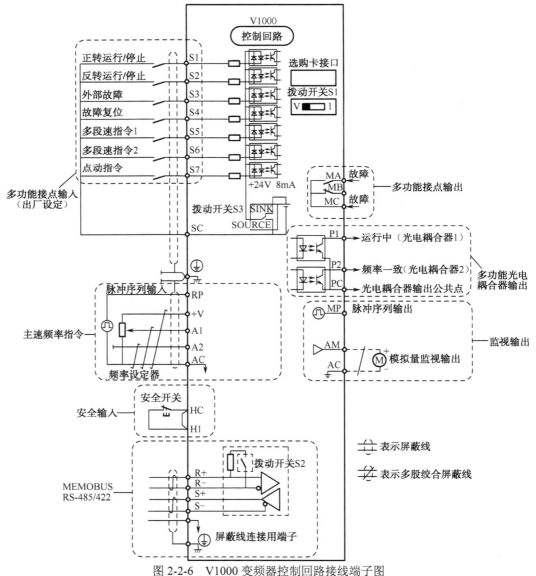

图 2-2-6　V1000 变频器控制回路接线端子图

V1000 变频器控制回路接线端子排列如图 2-2-7 所示。

图 2-2-7 V1000 变频器控制回路接线端子排列示意图

V1000 变频器控制回路接线端子的说明见表 2-2-3。

表 2-2-3 V1000 变频器控制回路接线端子的说明

种 类	端子符号	端子名称（出厂设定）	端子说明
多功能接点输入	S1	多功能输入选择 1（闭：正转运行、开：停止）	光电耦合器 DC24V，8mA 注：初始设定为共发射极模式。切换为共集电极模式时，请通过拨动开关 S3 设定，并使用外部电源 DC24V±10%
	S2	多功能输入选择 2（闭：反转运行、开：停止）	
	S3	多功能输入选择 3（外部故障（常开接点））	
	S4	多功能输入选择 4（故障复位）	
	S5	多功能输入选择 5（多段速指令 1）	
	S6	多功能输入选择 6（多段速指令 2）	
	S7	多功能输入选择 7（点动指令）	
	SC	多功能输入选择公共点控制公共点	顺控公共点
主速频率指令输入	RP	主速指令脉冲序列输入（主速频率指令）	响应频率：0.5Hz ～ 32kHz （H 占空比：30%～70%） （高电平电压：3.5～13.2V） （低电平电压：0.0～0.8V） （输入阻抗：3kΩ）
	+V	频率设定用电源	+10.5V（允许最大电流 20mA）
	A1	多功能模拟量输入 1（主速频率指令）	电压输入 DC0～+10V（20kΩ） 分辨率：1/1000

续表

种　类	端子符号	端子名称（出厂设定）	端子说明
主速频率 指令输入	A2	多功能模拟量输入 2（主速频率指令）	电压输入或电流输入（通过拨动开关 S1 选择） DC0～+10V（20kΩ） 分辨率：1/1000 4～20mA（250kΩ）或 0～20mA（250Ω） 分辨率：1/500
	AC	频率指令公共端	0V
多功能接 点输出	MA	常开接点输出（故障）	继电器输出 DC30V，10mA～1A
	MB	常闭接点输出（故障）	AC250V，10mA～1A
	MC	接点输出公共点	最小负载：DC5V，10mA（参考值）

三、V1000 变频器操作面板

1. V1000 变频器操作面板的名称和功能

V1000 变频器操作面板如图 2-2-8 所示，V1000 变频器操作面板上各键的含义见表 2-2-4。

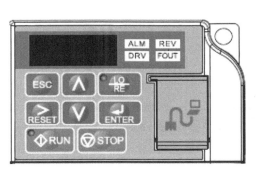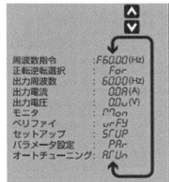

图 2-2-8　V1000 变频器操作面板

表 2-2-4　V1000 变频器操作面板上各键的含义

指示灯/按键	名　称	含义说明
F60.00	显示部	显示频率和参数编号等
ALM REV DRV FOUT	LED 指示灯	指示 ALM、REV、DRV、FOUT
ESC	ESC 键	回到按下 ENTER 键前的状态
>/RESET	移位/RESET 键	移动设定参数数值时的数位；故障检出作为故障复位键使用
∧	增量键	选择参数编号、模式、设定值（增加），还可用来进入下一个项目和数据
∨	减量键	选择参数编号、模式、设定值（减少），还可用来返回前一个项目和数据

续表

指示灯/按键	名　　称	含 义 说 明
LO/RE	LO/RE 选择键	LOCAL/REMOTE 切换用操作器
ENTER	ENTER 键	显示或确定各模式、参数、设定值时按下此键；还可用于从一个画面进入下一个画面
RUN	RUN 键	运行变频器，运行时 RUN 指示灯点亮
STOP	STOP 键	停止变频器运行
	通信用接口	用于连接电脑、带 USB 的复制装置及 LCD 操作器

说明：

① LO/RE 选择键：在驱动模式下停止时，LO/RE 选择键始终有效。可能会因误将操作器从 RE 切换为 LO 而妨碍正常运行时，请将 o2-01（LO/RE 键的功能选择）设定为 0，使选择键无效。

② 通信用接口：请勿插入除专用电缆以外的电缆，否则会导致变频器损坏或故障。

③ STOP 键：该回路为停止优先回路，即使变频器正在通过多功能接点输入端子的信号进行运行（设定为 RE 时），如果觉察到危险，也可按 STOP 键，紧急停止变频器。不想通过 STOP 键执行停止操作时，请将 o2-02（STOP 键的功能选择）设定为 0，使 STOP 键无效

2. 操作面板的使用

用 V1000 变频器的操作面板可以进行运行/停止、各种数据的显示、参数的设定/变更、警告显示等操作。

（1）运行/停止操作

由面板直接进行运行/停止操作的流程如图 2-2-9 所示。具体操作方法与步骤如下：

① 按下 LO/RE 键，指示灯亮，设定为 LOCAL 模式（也可以通过参数设定）。

② 按 ENTER 键，显示部闪烁，表示此时可编辑频率。

③ 按＞键，移动闪烁位直至要修改的位置上停止移动。

④ 通过按加或减键，使该位数字变大或变小。

⑤ 按下 ENTER 键，出现 END，表明频率设定成功。

⑥ 按下 ESC 键，退出编辑状态，回到频率显示状态。

⑦ 按下 RUN 键，电动机以设定频率运行；按下 STOP 键，电动机停止运行。

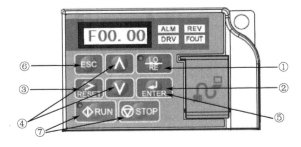

图 2-2-9　LOCAL 模式操作流程

（2）数据的显示、参数的设定/变更及警告显示等操作

数据的显示、参数的设定/变更及警告显示等的操作方法和步骤用流程框图表示，流程框图如图 2-2-10 所示。

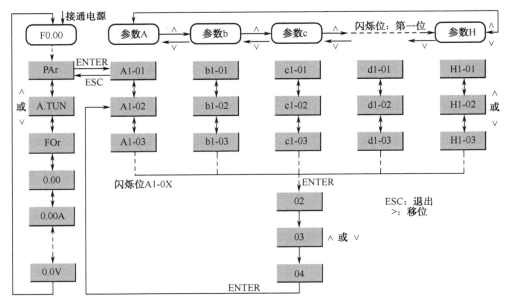

图 2-2-10　V1000 变频器参数的设置/变更等操作流程图

四、变频器参数的设定

变频器常用参数设定见表 2-2-5。

表 2-2-5　变频器常用参数设定

参　　数	名　　称	内　　容	设定范围	出厂设定
		A1：环境设定模式		
A1-02	控制模式的选择	选择变频器控制模式。 0：无 PGV/f 控制 2：无 PG 矢量控制 5：PM 用无 PG 矢量控制	0、2、5	0
A1-03	初始化	将所有参数恢复为出厂设定。（初始化后，A1-03 将自动设定为 0） 0：不进行初始化 1110：用户参数设定值的初始化（需要通过 o2-03 事先存储用户参数设定值） 2220：二线制顺控的初始化（出厂设定参数初始化） 3330：三线制顺控的初始化 5550：oPE04 故障的复位	0、1110、2220、3330、5550	0

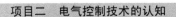

续表

参　数	名　称	内　容	设定范围	出厂设定
		A1：环境设定模式		
A1-05	用途选择	根据选择的用途，将常用的参数设定在 A2-01～A2-16 中。 0：通用（A2-01～A2-32 的常用参数功能无效） 1：给水泵 2：传送带 3：给气、排气用风机 4：AHU（HVAC）风机 5：空气压缩机 6：卷扬机（升降用） 7：吊车（平移） 8：传送带 2	设定范围因变频器的软件版本而异	0
		b1：运行模式选择		
b1-01	频率指令选择 1	选择频率指令的输入方法 0：LED 操作器或 LCD 操作器 1：控制回路端子（模拟量输入） 2：MEMOBUS 通信 3：通信选购件 4：脉冲序列输入	0～4	1
b1-02	运行指令选择 1	选择运行指令的输入方法 0：LED 操作器或 LCD 操作器 1：控制回路端子（顺控输入） 2：MEMOBUS 通信 3：通信选购件	0～3	1
b1-03	停止方法选择	设定指令停止时的停止方法 0：减速停止 1：自由运行停止 2：全域直流制动（DB）停止（不进行再生动作，比自由运行停止还快） 3：带定时的自由运行停止（忽视减速时间内的运行指令输入）	0～3	0
b1-04	禁止反转选择	选择电动机的反转禁止 0：可反转 1：禁止反转	0、1	0
b1-14	相序选择	切换、选择变频器输出端子 U/T1、V/T2、W/T3 的相序 0：标准 1：相序调换	0、1	0
B1-17	电源 ON/OFF 时的运行选择	在接通电源前输入了运行指令的状态下，禁止/许可电源一接通，电机即运行 0：禁止；1：许可	0、1	0
		C1：加减速时间		
C1-01	加速时间 1	设定输出频率从 0% 到 100% 为止的加速时间	0.0～6000.0	10.0s
C1-02	减速时间 1	设定输出频率从 100% 到 0% 为止的减速时间	0.0～6000.0	10.0s

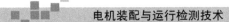

续表

参　数	名　称	内　容				设定范围	出厂设定
		C1：加减速时间					
C1-10	加减速时间的单位	选择 C1-01～C1-09 的设定单位 0：以 0.01s 为单位（0.00～600.00s） 1：以 0.1s 为单位（0.00～600.00s）				0、1	1
		C4：转矩补偿					
C4-01	转矩补偿（转矩提升）增益	① V/f 控制：用倍率设定转矩补偿的增益。当电机的负载增大时，通过增大变频器的输出电压来增加输出转矩的功能。请在以下情况时调整： ● 请在不超过变频器额定输出电流的范围内对低速旋转时输出电流进行调整。 ● 电线过长时，请增大设定值。 ● 电机容量小于变频器容量（最大适用电机）时，请增大设定值。 ● 当电机振动时，请减小设定值。 ② 无 PG 矢量控制：用倍率设定转矩补偿的增益，通常无需设定				0.00～2.50	1.00
		C6：载波频率					
C6-01	ND/HD 选择	0：重载额定（HD） 过载耐量：额定输出电流的 150%，60s 载波频率：2kHz（出厂设定） 1：轻载额定（ND） 过载耐量：额定输出电流的 120%，60s 载波频率：2kHz，Swing PWM（出厂设定）				0、1	1
		d1：频率指令					
		多段速指令 4 H1-□□=32	多段速指令 3 H1-□□=5	多段速指令 2 H1-□□=4	多段速指令 1 H1-□□=3		
d1-01	频率指令 1	0	0	0	0		
d1-02	频率指令 2	0	0	0	1		
d1-03	频率指令 3	0	0	1	0		
d1-04	频率指令 4	0	0	1	1		
d1-05	频率指令 5	0	1	0	0		
d1-06	频率指令 6	0	1	0	1	0.00～400.00	0.00Hz
d1-07	频率指令 7	0	1	1	0		
d1-08	频率指令 8	0	1	1	1		
d1-09	频率指令 9	1	0	0	0		
d1-10	频率指令 10	1	0	0	1		
d1-11	频率指令 11	1	0	1	0		

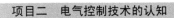

续表

参数	名称	内容				设定范围	出厂设定
		d1：频率指令					
		多段速指令 4 H1-□□=32	多段速指令 3 H1-□□=5	多段速指令 2 H1-□□=4	多段速指令 1 H1-□□=3		
d1-12	频率指令 12	1	0	1	1		
d1-13	频率指令 13	1	1	0	0		
d1-14	频率指令 14	1	1	0	1	0.00～400.00	0.00Hz
d1-15	频率指令 15	1	1	1	0		
d1-16	频率指令 16	1	1	1	1		
d1-17	点动频率指令	多功能输入"点动频率选择"，"FJOG 指令"、"RJOG 指令"ON 时的频率指令（设定单位通过 o1-03 来设定）。 ● 点动频率指令优先于任一多段速指令					
		d2：频率上限、下限					
d2-01	频率指令上限值	以最高输出频率（E1-04）为 100%，以%为单位设定输出频率指令的上限值。即使频率指令值超过设定值，变频器的速度也不会超过上限值				0.0～110.0	100.0%
d2-02	频率指令下限值	以最高输出频率（E1-04）为 100%，以%为单位设定输出频率指令的下限值。即使频率指令值低于设定值，变频器的速度也不会超过下限值				0.0～110.0	0.0%
		d3：跳跃频率					
d2-01	跳跃频率 1	为了避免机械系统及电机固有的振动频率所产生的共振而设定该参数。设定要避开的频率范围的中心值。 ● 设定为 0.0 时，跳跃频率无效。设定时请避免频率设定禁止重复。 ● 设定多个跳跃频率时，请遵守以下条件：d3-01≥d3-02≥d3-03				0.0～400.0	0.0Hz
d2-02	跳跃频率 2						
d2-03	跳跃频率 3						
d3-04	跳跃频率幅度	设定跳跃频率的频率幅度，制造频率指令的死区。 "跳跃频率±d3-04"即为跳跃频率范围				0.0～20.0	1.0Hz
		E2：电机参数					
E2-01	电机额定电流	以 A 单位设定电机的额定电流。该设定值为电机保护、转矩限制、转矩控制的基准值。 ● "自学习"模式下，该值被自动设定				变频器额定电流的 10%～200%	出厂设定根据 o2-04（变频器容量选择）及 C6-01（ND/HD 选择）的设定而异

续表

参数	名 称	内 容	设定范围	出厂设定
		H1：多功能接点输入		
H1-01	端子 S1 的功能选择	选择多功能接点输入端子 S1～S7 的功能。参数从 0 至 9F（这里仅列出较常用的参数）。	1～9F	40
H1-02	端子 S2 的功能选择			41
H1-03	端子 S3 的功能选择	0：三线制顺控		24
H1-04	端子 S4 的功能选择	1：LOCAL/REMOTE 选择		14
H1-05	端子 S5 的功能选择	2：指令权的切换指令		3
H1-06	端子 S6 的功能选择	3：多段速指令 1		
		4：多段速指令 2		4
		5：多段速指令 3		
		6：点动（JOG）频率指令选择		
		7：加减速时间选择 1		
H1-07	端子 S7 的功能选择	F：直通模式（端子未被使用或作为直通模式使用时设定）	0～9F	
		12：FJOG 指令		
		13：RJOG 指令		
		14：故障复位		
		1B：参数写入许可		6
		24：外部故障（常开接点）		
		32：多段速指令 4		
		40：正转运行指令（2 线制顺控）		
		（闭：正转运行、开：停止）		
		41：反转运行指令（2 线制顺控）		
		（闭：反转运行、开：停止）		
		L1：电机保护功能		
L1-01	电机保护功能选择	0：无效 1：通用电机的保护 2：变频器专用电机的保护 3：矢量专用电机的保护 4：PM 电机（递减转矩用）的保护 6：通用电机的保护（50Hz） ● 当 1 台变频器连接多台电机时，请设定为 0（无效），并在各电机上设置热继电器	0～4、6	1
		o1：显示设定/选择		
o1-01	驱动模式显示项目选择	电源接通后，操作器依次显示频率指令→旋转方向→输出频率→输出电流→输出电压→U1-□□。 ● o1-01 用来选择显示项目而非输出电压。 ● o1-02 用来选择电源接通时显示的内容。 （"U1-□□"时显示为"1□□"）。根据控制模式的不同，可设定的项目有所不同	104～810	106
		o1：显示设定/选择		
o1-02	电源 ON 时监视显示项目选择	选择接通电源时要显示的项目。 1：频率指令（U1-01） 2：FWD/REV（正转中/反转中） 3：输出频率（U1-02） 4：输出电流（U1-03） 5：o1-01 设定的监视项目	1 ～ 5	1

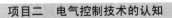

续表

参数	名称	内容	设定范围	出厂设定
		o1：显示设定/选择		
o1-03	频率指令设定/显示的单位	设定监视频率指令、输出频率时的设定/显示单位。 0：以 0.01Hz 为单位 1：以 0.01% 为单位（最高输出频率为 100%） 2：以 min⁻¹ 为单位（通过最高输出频率和电机极数自动计算） 3：任意单位（详细内容通过 o1-10、o1-11 进行设定）	0 ~ 3	0
o1-10	频率指令设定/显示的任意显示设定	设定 o1-03=3 时的设定/显示。 o1-10 用来设定最高输出频率时要设定/显示的值 o1-11 用来设定频率指令设定/显示时的小数点后位数	1~60000	出厂设定根据 o1-03（频率指令设定/显示的单位）的设定而异
o1-11	频率指令设定/显示的小数点的位数		0~3	
		o2：多功能选择		
o2-01	LOCAL/REMOTE 键的功能选择	设定运行方法选择键（LOCAL/REMOTE）的功能。 0：无效 1：有效（切换操作器的运行和参数设定的运行）	0、1	1
o2-02	STOP 键的功能选择	设定 STOP（停止）键的功能。 0：无效（运行指令来自外部端子时，STOP 键无效） 1：有效（运行中 STOP 键有效）	0、1	1
o2-03	用户参数设定值的保存	保存/清除 A1-03（初始化）中使用的初始值。保存用户参数设定值后，可将 A1-03 设定为 1110（用户参数设定值）。输入 1 或 2 后，设定值归 0。 0：保存保持/未设定 1：保存开始（将设定参数值作为用户参数设定值保存） 2：保存清除（清除保存的用户参数设定值）	0 ~ 2	0
o2-05	频率设定时的 ENTER 键功能选择	通过操作器的频率指令监视来改变频率指令时，选择是否需要 ENTER 键。 0：需要 ENTER（确定键） 1：不需要 ENTER 键 设定为 1 时，可不用按 ENTER 键即可操作频率设定值，该设定值即为频率指令	0、1	0
o2-07	通过操作器运行接通电源时的旋转方向选择	0：正转 1：反转 仅当操作器有运行指令权时有效	0、1	0
		U1：状态监视		
U1-01	频率指令	显示频率指令值（显示单位可通过 o1-03 进行变更）		
U1-02	输出频率	显示输出频率（显示单位可通过 o1-03 进行变更）		
U1-03	输出电流	显示输出电流		

参　数	名　称	内　容	设定范围	出厂设定
		U1：状态监视		
U1-04	控制模式	确认 A1-02（控制模式的选择）中设定的控制模式。 0：无 PG V/f 控制 2：无 PG 矢量控制 5：PM 用无 PG 矢量控制	PG：旋转编码器，测量转速； V/f 控制：电压频率控制，没有矢量的区别，在低速下转矩有所下降； 矢量控制：以速度为给定值来控制，在低频时有较大的启动转矩，适用于一些重载场合	
U1-05	电机速度	显示检出的电机速度（设定/显示单位可通过 o1-03 进行变更）		
U1-06	输出电压指令	显示变频器内部的输出电压指令值		

五、故障显示、原因及对策

变频器运行中出现的一些常见故障名称、原因及对策见表 2-2-6。

表 2-2-6　故障显示、原因及对策

序号	显示	故障名称	原因	对策
1	CF	控制故障：在减速停止中，持续 3 秒钟或以上达到转矩极限	● 电机参数的设定不正确 ● 转矩极限的设定值过小 ● 负载惯性较大	● 修改电机参数的设定，再次进行自学习 ● 将 L7-01～L7-04（转矩极限）设定为最佳值 ● 调整 C1-02、C1-04、C1-06、C1-08（减速时间）中所使用的参数；将频率指令降低到最低；输出频率，减速后切断运行指令
2	dEv	速度偏差过大	● 负载过大 ● 加减速时间过短 ● 负载为锁定状态 ● 参数的设定不正确 ● 电机制动器机械性制动	● 确定负载大小，减小负载 ● 增大 C1-01～C1-08（加减速时间）中所用参数的设定值 ● 检查机械系统 ● 重新设定 F1-10、F1-11 ● 打开制动器
3	EF1～EF7	外部故障：从多功能接点输入端子或（S1～S7）输入了外部故障	● 外部机器的警报功能动作 ● 接线不正确 ● 多功能接点输入的分配不正确	● 排除外部故障原因，解除多功能输入的外部故障输入 ● 确认是否在进行了 H1-□□=20～2B（外部故障）设定的端子上正确连接了信号线。正确连接信号线 ● 确认是否将 H1-□□=20～2B（外部故障）分配给了预约范围端子

续表

序号	显示	故障名称	原因	对策
4	Err	EEPROM 写入不当	—	● 尝试按 ENTER 键 ● 重新设定参数 ● 尝试开、关电源
5	GF	接地短路：在变频器输出侧，接地短路电流超过变频器额定输出电流的约 50%（变频器容量在 5.5kW 或以上，L8-09=1 时保护动作有效）	● 电机烧毁或发生绝缘老化 ● 由于电缆破损而发生接触、接地短路 ● 电缆与接地端子的分布电容较大 ● 硬件不良	● 确认电机的绝缘电阻 ● 检查电机的动力电缆，确认电缆与接地端子之间的电阻值 ● 电缆长度超过 100m 时，降低载波频率 ● 更换变频器
6	LF	输出缺相：变频器输出侧发生缺相（设定为 L8-07=1 或 2 时检出）	● 输出电缆断线 ● 电机线圈断线 ● 输出端子松动 ● 使用了容量低于变频器额定输出电流 5%的电机 ● 变频器输出晶体管的开路损坏 ● 连接了单相电机	● 确认输出电缆的接线是否发生断线或接线错误 ● 测定电机线间电阻 ● 确认端子是否松动 ● 修改变频器容量或电机容量 ● 更换变频器 ● 本变频器不能使用单相电机
7	LF1	输出电流失衡：PM 电机输出电流的三相失衡	● 变频器输出侧接线发生了缺相 ● 变频器输出侧接线发生了松动 ● 栅极驱动信号缺相 ● 电机阻抗的三相失衡	● 确认接线是否断线或拉接错 ● 确认端子是否松动 ● 更换变频器 ● 测定电机的各线间电阻，确认三相是否发生偏差或或断线，是则更换电机
8	oC	过电流：检出的变频器输出电流超过了过电流检出值	● 电机烧毁或发生绝缘老化 ● 由于电缆破损而发生接触、接地短路	● 确认电机的绝缘电阻 ● 检查电机的动力电缆，确认电缆与接地端子之间的电阻值

 完成工作任务指导

一、控制电路的安装

在 YL-163A 型电机装配与运行检测实训装置中的多网孔板上完成模拟双速电动机运行控制电路的安装。完成控制电路的安装任务的方法和步骤如下：

1. 工具耗材准备

工业线槽、1.0mm² 红色和蓝色多股软导线、1.0mm 黄绿双色 BVR 导线、0.75mm² 黑色和蓝色多股导线、冷压接头 SVϕ1.5-4、缠绕带、捆扎带、螺丝刀、剥线钳、压线钳、斜口钳、万用表等。

2. 元器件的选择与检测

根据控制电路原理图，本次控制电路的安装与调试任务所需要的元器件有：单极熔断器、V1000 变频器、三菱可编程控制器 FX3U-32M、按钮开关及指示灯盒、三相异步电动机。

对以上所列的所有器件进行型号、外观、质量等方面的检测。

3. 线槽和元器件的安装

线槽尺寸及安装方法与项目一任务二中图 1-2-2 所示的相同。将已检测好的元器件按图 2-2-2 所示的位置进行排列，并安装固定。完成安装固定如图 2-2-11 所示。

4. 连接控制电路板上的线路

根据电气控制原理图，按接线工艺要求完成：

（1）主电源与 PLC、变频器之间连接电路的接线；

（2）开关指示灯盒与 PLC 输入端子（X）连接电路的接线；

（3）PLC 输出端子（Y）与变频器多功能输入端子连接电路的接线；

（4）变频器与电动机连接电路的接线。

整理好导线并将线槽盖板盖好。连接好的电路板如图 2-2-11 所示。接线工艺要求：

◇ 连接导线选用正确、电路各连接点连接可靠、牢固、不压皮、不露铜。

◇ 进接线排的导线都需要套好号码管并编号。

◇ 同一接线端子的连接导线最多不能超过 2 根。

二、PLC 控制程序的编写

在编写 PLC 控制程序之前，先对接好的电路板进行检测，如图 2-2-12 所示。

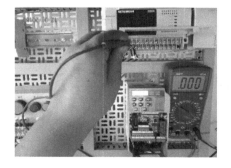

图 2-2-11　连接好的电路板　　　图 2-2-12　通电前进行电路的检测

1. 分析控制要求，画出自动控制的工作流程图

分析控制要求不难发现，工作过程可分为低速运行状态、高速运行状态及停止状态，停止状态也就是初始状态。按工作流程图说法，低速运行过程与高速运行过程属于选择性分支。工作流程图如图 2-2-13 所示。然后根据我们前面学习过的 PLC 编程方法来实现。

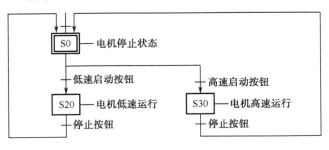

图 2-2-13　工作流程图

2. 编写 PLC 控制程序

根据所画出的流程图的特点，确定编程思路。本次任务要求的工作过程是由启动按钮来决定电动机以低速或高速运行，具有选择性。我们抓住"选择性分支"这一特点来编程，先编写初始状态，再编写条件选择控制程序，最后根据工作过程要求编写低速或高速时控制输出的程序。步进指令梯形图程序如图 2-2-14 所示。

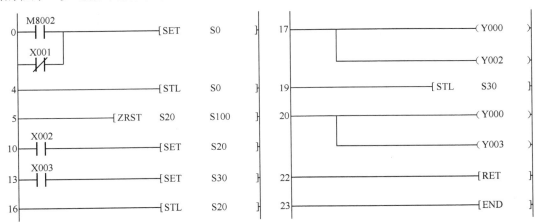

图 2-2-14　步进指令梯形图程序

三、变频器参数设置

1. 列出需要设置的变频器参数

根据任务要求，电动机能以 25Hz、50Hz 两种频率运行，电动机启动时间为 4.0s，停止时间为 1.5s。需要设置的变频器参数及相应的参数值见表 2-2-7。

表 2-2-7　需要设置的变频器参数

序　号	参数代号	参数值	说　明
1	A1-03	2220	初始化
2	b1-01	0	频率指令（出厂设置）
3	b1-02	0	运行指令（出厂设置）
4	c1-01	4.0	加速时间
5	c1-02	1.5	减速时间
6	H1-01	40	S1 端子选择：正转指令（出厂设置）
7	H1-03	3	S3 端子选择：多段速指令 1
8	H1-04	4	S4 端子选择：多段速指令 2
9	d1-02	25	频率指令 2
10	d1-03	50	频率指令 3
11	H1-06	F	端子未被使用（避免与 S4 端子冲突）

2. 设置变频器参数

接通变频器电源，将变频器参数恢复为出厂设置，再依次设置表 2-2-7 所列出的参数，最后恢复到频率监示模式。

变频器参数初始化（A1-03）后，频率指令和运行指令均来源于外部端子信号，这两个参数 b1-01、b1-02 不必再设置。但此时变频器面板上"LO/RE"选择键 R 的功能仍然有效，即按一下此键，运行指令将由外部 RE 输入切换为面板 LO 输入，从而妨碍变频器的正常运行。

表 2-2-7 中的参数代号 H1-06 被设置为"F"，是因为多功能输入端子 S6 出厂设置功能为多段速指令 2，但多段速指令 2 已被多功能输入端子 S4 使用了，若不对参数 H1-06 进行重新设置，变频器就无法正常运行。

四、调试控制电路

检查电路正确无误后，将设备电源控制单元的单相 220V 电源连接到控制电路板端子排上。接通电源总开关，按下电源启动按钮，下载 PLC 程序。

按照工作任务描述按下低速启动按钮 S2，检查电动机是否以 25Hz 运行，此时按下高速启动按钮 S1，电机是否继续保持速度运行；按下停止按钮，观察电机是否停止转动；按下高速启动按钮，检查电机是否以 50Hz 运行。

安全提示：

在完成变频器主电路连接过程中，必须确保输入端的连接正确，千万不可将三相 380V 交流电电源接入输入端，否则会将变频器烧毁。

【思考与练习】

1. 安装电路后，你做过哪些检测？检测到什么问题？你是通过什么方法排除问题的？

2. 你在调试过程中发现什么问题？是什么原因造成的？你如何解决这些问题？

3．本次工作任务所使用的 V1000 变频器的型号是 CIMR-VCBA0003BAA，请查找有关 V1000 变频器资料，该型号变频器额定输出电流及最大适用电机的容量各是多少？型号中第二个"B"的含义是什么？

4．运行指令由 LED 操作器输入时，称为 LOCAL（简写 LO，本地）模式；由上位装置的顺序控制器如 PLC 等经由控制回路端子输入时，称为 REMOTE（简写 RE，远程）模式。请你说一说变频器面板上 LO/RE 切换键的使用方法，并填写完成表 2-2-8。

表 2-2-8　参数设置说明

序号	频率指令 b1-01	运行指令 b1-02	LO/RE 灯是否亮	LO/RE 键是否有效	频率指令来源	运行指令来源
1	0	0				
2	0	1				
3	1	0				
4	1	1				

5．试编写另一种形式的梯形图程序，达到本次工作任务的控制要求。

6．请你填写完成模拟双速电动机运行控制电路的安装与调试工作任务评价表（表 2-2-9）。

表 2-2-9　完成模拟双速电动机运行控制电路的安装与调试工作任务评价表

序　号	评价内容	配　分	自我评价	老师评价
1	线槽尺寸及安装工艺是否符合要求	5		
2	元器件的选择、安装工艺是否符合要求	5		
3	电路导线的连接是否按安装工艺规范要求进行	5		
4	检查电路时，是否有漏接、接错、短接等现象	5		
5	接通电源时是否有短路现象发生	10		
6	调试时，按下低速启动或高速启动按钮，电动机能否按工作任务要求运行	5		
7	电动机运行中按下停止按钮时，电动机能否停止转动	5		
8	变频器参数设置是否正确	20		
9	你所编写的 PLC 梯形图程序是否能满足本次工作任务要求	30		
10	完成工作任务的全过程是否安全施工、文明施工	10		
	合　计	100		

任务三　编写多段速运行控制的触摸屏程序

工作任务

某三相交流异步电动机多段速运行需要通过触摸屏上的点动按钮改变电动机的运行方向，以及电动机多段速度的相互转换，电气原理图如图 2-3-1 所示。

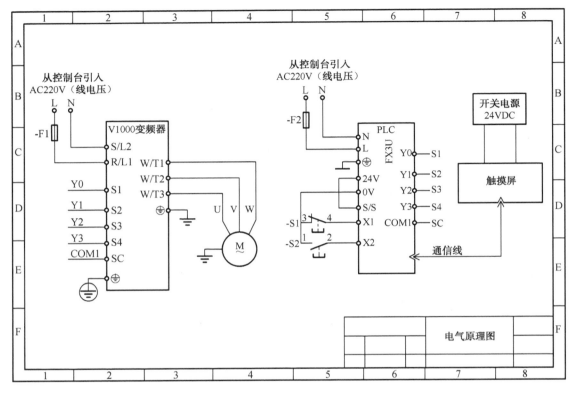

图 2-3-1 电气原理图

触摸屏控制画面如图 2-3-2 所示。触摸屏上的 速度1 到 速度4 按钮分别对应变频器设置的一个速度。变频器控制电动机工作前，先选择速度按钮、正转或反转按钮，再按下启动按钮（或 S2），变频器按选定的速度和方向运行。此时，按下其他速度按钮、正转按钮及反转按钮均无效。只有在按下停止按钮（或 S1）变频器停止工作时，才能再次选择其他速度及方向。请按要求完成下列任务：

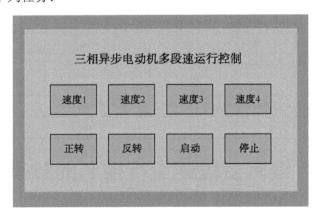

图 2-3-2 触摸屏控制画面

（1）根据电气控制原理图正确选择相应元器件，按图 2-3-3 所示的电器元件布置图排列并紧固安装。

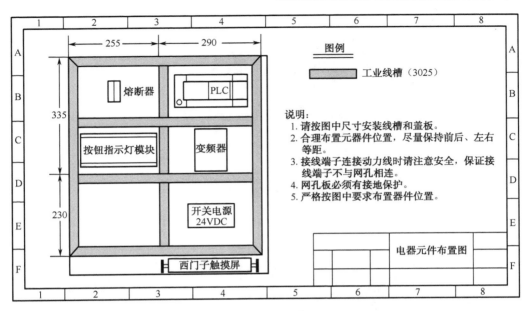

图 2-3-3　电器元件布置图

（2）根据电气原理图，按接线工艺规范要求连接好电路。

（3）按项目二任务二的变频器参数设置的方法设置变频器参数。

变频器参数设置：多段速运行的频率分别是 10Hz、20Hz、30Hz、40Hz；加速时间为 2.0s，减速时间为 1.5s。

（4）根据控制要求编写 PLC 程序、触摸屏程序。

（5）根据要求进行通信连接下载程序，调试设备达到控制要求。

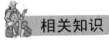 相关知识

　　触摸屏又称触控面板，是感应式液晶显示装置，当接触到屏上的图形按钮时，屏幕上的触觉反馈系统可根据预先编程的程序驱动各种连接装置，并借由液晶显示画面制造出生动的影音动画效果。触摸屏具有操作简单、便捷、人性化、功能强大等优点，因此，它将作为一种新型的人机界面广泛应用于工业生产和日常生活中。

一、西门子触摸屏

　　YL-163A 电机装配与运行检测实训装置中的触摸屏为 Smart 700 西门子触摸屏，其外观及硬件接口如图 2-3-4 所示。各种通信数据连接线如图 2-3-5 所示。

　　西门子触摸屏使用 24V DC 电源，用通信线与计算机连接，用组态软件来读出或写入触摸屏设置的参数；用通信线把触摸屏的 COM 口和相应的 PLC 端口连接起来，进行通信，示意图如图 2-3-6 所示。当触摸屏参数设置好后，使用触摸屏就像操作指令开关一样操作 PLC，而 PLC 的很多信息又可以在触摸屏上实时形象地显示出来，如指示灯、报警信息等。

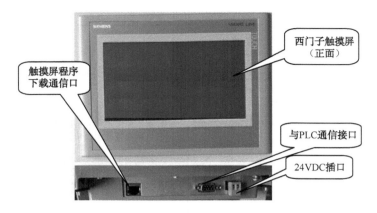

图 2-3-4　西门子触摸屏外观及硬件接口

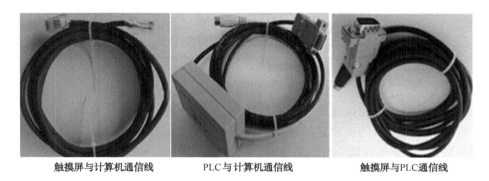

触摸屏与计算机通信线　　　PLC与计算机通信线　　　触摸屏与PLC通信线

图 2-3-5　设备之间通信用的数据连接线

图 2-3-6　通信连接示意图

二、触摸屏编程软件的使用

通过创建"Smart 700IE"项目学习触摸屏编程软件的使用方法和操作步骤。

1. 打开编程软件界面

触摸屏组态软件安装后，在电脑桌面出现图标。双击图标即可打开触摸屏编程软件 SIMATIC WinCC flexible 2008，编程软件界面如图 2-3-7 所示。

2. 创建一个空项目

单击"选项"里的"创建一个空项目"，弹出如图 2-3-8 所示的设备选择对话框。

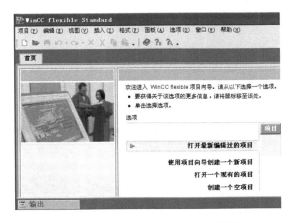

图 2-3-7　WinCC flexible 2008 界面

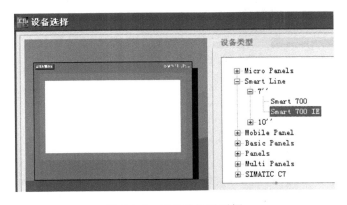

图 2-3-8　设备选择对话框

依次单击"Smart Line"→"7""→"Smart 700 IE",按"确定"按钮,进入编辑界面,如图 2-3-9 所示。

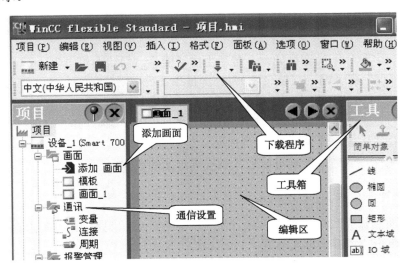

图 2-3-9　编辑界面

3. 通信设置

① 通信驱动程序设置 在编辑界面左侧"项目"菜单中，选择"通讯"下的"连接"。双击之后，出现如图 2-3-10 所示的界面，选择通信驱动程序"Mitsubishi FX（三菱软件）"，通信驱动程序连接的设置完成。

图 2-3-10 通信驱动程序连接的设置

② 变量表的建立 再次双击左侧"项目"菜单中的"通讯"下的"变量"，建立变量表，如图 2-3-11 所示。

图 2-3-11 变量表的建立

依次双击"名称"下的空格处，会自动生成"变量_1"、"变量_2"、…，"数据类型"选择"Bit（开关型）"或"Word（数值型）"；"地址"选择"M、D、X、Y（开关型）"或"D、T（数值型）"等与 PLC 程序有相关联的变量。

特殊用法时，变量属性还可以选择与 PLC 无关，仅属于触摸屏的"内部变量"，这时"数据类型"将选择"Bool（开关型）"或"Byte（数值型）"。

变量基本属性设置完成后就可以进行触摸屏画面的制作。

4. 工程保存

触摸屏画面制作完成后，单击"项目"→"保存"或"另存为"，确定存盘位置及新工程的名称后，单击"保存"即可。

5. 工程下载

在工程下载前，先对 HMI 设备进行组态。如图 2-3-12 所示，通过按装载程序的"Control Panel"按钮打开控制面板，在 Control Panel 中对 HMI 设备进行组态，可进行以下设置。

◇ 通信设置 Ethernet：更改网络组态。

◇ 操作设置 Op：更改监视器设置、显示关于 HMI 设备的信息校准触摸屏。

◇ 屏幕保护 Screensave：设置屏幕保护程序。

◇ 密码保护 Password：更改密码设置。

◇ 传送设置 Transfer：启用数据通道。

◇ 声音设置 SoundSettings：设置声音反馈信号。

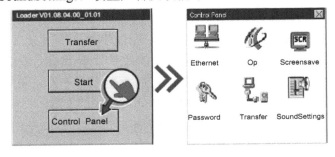

图 2-3-12　HMI 设备控制面板

（1）触摸屏 IP 设置

编程用的电脑已设置好 IP 地址，如图 2-3-13 所示。触摸屏的 IP 地址应按下列步骤完成：

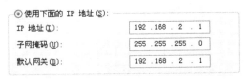

图 2-3-13　电脑 IP 地址设置

① 按"Ethernet"按钮，打开 Ethernet Settings 对话框。

② 选择通过 DHCP 自动分配地址或者执行用户特定的地址分配。

③ 如果分配用户特定的地址，请使用屏幕键盘在"IP Address"、"Subnet Mask"和"Def. Gateway"文本框（如果可用）中输入有效 IP 地址，如图 2-3-14 所示。

④ 切换至"Mode"选项卡。

⑤ 在"Speed"文本框中，输入以太网络的传输率：选择 10Mbps 或 100Mbps。

⑥ 选择"Half-Duplex"或"Full-Duplex"作为连接模式。

⑦ 如果激活"Auto Negotiation"复选框，将会自动检测和设置以太网网络的连接模式和传输率。

⑧ 切换至"Device"选项卡。

⑨ 为 HMI 设备输入网络名称。

⑩ 单击"OK"关闭对话框并保存设置。

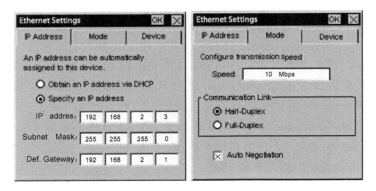

图 2-3-14　触摸屏 IP 地址设置

（2）工程下载

在通信线连接正确的情况下，单击"项目"→"传送"→"传输"，出现"选择设备进行传送"对话框，如图 2-3-15 所示。模式选择"以太网"，计算机名或 IP 地址为 PLC 的 IP 地址，填写"192.168.2.3"（前三位必须与编程用电脑 IP 地址一致，最后一位与触摸屏设置 IP 地址的最后一位相同）。单击"传送"按钮即可完成工程的下载。

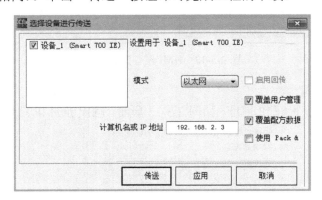

图 2-3-15　触摸屏程序下载对话框

三、触摸屏画面制作基础

1. 按钮制作

完成变量表的建立后，双击编辑界面左侧"项目"菜单的"画面"下的"添加画面"，可任意增加画面的数量。再选择其中的"画面_1"，进行基本控件（如按钮、开关及指示灯等）的制作（从右侧工具箱的"简单对象"拖出或单击所要的构件），如图 2-3-16 所示。

单击画面中"启动按钮"构件，分别设置常规、属性、动画及事件。

① 常规　在"常规"下设置文本内容，如"启动按钮"。

② 属性　在"属性"下设置其外观（前景色，背景色）、布局（位置与大小）、文本（字体，样式，大小，对齐）、闪烁、其他及安全等。

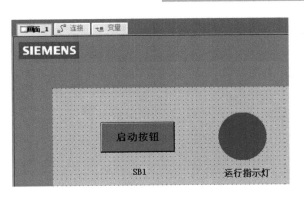

图 2-3-16　触摸屏简单画面

③ 动画　在"动画"下设置外观、启用对象、对角线移动、水平移动、垂直移动、直接移动及可见性。特殊类型的按钮或开关才需要设置该项内容。

④ 事件　在"事件"下可设置单击、按下、释放、激活、取消激活、更改等内容。

单击"按下",出现如图 2-3-17 所示的函数列表对话框。单击"系统函数"→"编辑位"→选择"SetBit",同时变量名称选择"变量_1";用同样的方法,单击"释放"→"系统函数"→"编辑位"→选择"ResetBit",同时变量名称选择"变量_1"。

图 2-3-17　按钮构件的函数列表

2. 指示灯制作

单击画面中"运行指示灯"构件,分别设置属性、动画。

① 属性　在"属性"下设置其外观(边框颜色、填充颜色、填充样式)、布局(位置、大小及几何)、闪烁及其他等。

② 动画　在"动画"下设置外观、对角线移动、水平移动、垂直移动、直接移动及可见性。

单击"外观",出现如图 2-3-18 所示的外观对话框。图中"启用"选项框打"√",单击"变量"→选择"变量_3"→"类型"选择"位";再设置其变量值为 0 或为 1 时的背景色。如变量值为 0 时表示不运行,指示灯为红色;变量值为 1 时表示运行,指示灯变为橙色。

3. 多画面切换制作

(1) 按钮作多画面间切换用

将右侧工具箱的"简单对象"里的"按钮"拖入编辑界面内。单击画面中"返回第一页"

按钮构件，分别设置常规、属性、动画及事件。

图 2-3-18　指示灯构件的外观设置

① 常规　在"常规"下设置文本内容，如"返回第一页"。

② 属性　在"属性"下设置其外观（前景色，背景色）、布局（位置与大小）、文本（字体，样式，大小，对齐）、闪烁、其他及安全等。

③ 动画　在"动画"下设置外观、启用对象、对角线移动、水平移动、垂直移动、直接移动及可见性。一般情况无须设置该项内容。

但是，当此按钮受某一条件限制时，如电机停止时按下此键才有效时，就必须对"启用对象"进行设置。设置：启用打"√"；变量为"变量_5（如电机启动标志）"；对象状态为"启用"。表示"变量_5=0，电机停止，按下此键有效"的含义。

④ 事件　在"事件"下可设置单击、按下、释放、激活、取消激活、更改等内容。

单击"单击"，出现函数列表对话框。单击"系统函数"→"画面"→选择"ActivateScreen"，同时画面名选择为"画面_1"（指目标画面）。

（2）外部按钮作画面切换用

由 PLC 程序定义：闭合外部按钮（X1=1），辅助继电器 M100=1。而变量 M100=1 将作为画面切换的条件。设置方法和步骤如下：

① 单击"项目"→"通讯"→"变量"，双击"变量"，出现变量表。直接对变量 M100设置属性。设置内容有常规、属性、事件（更改数值、上限、下限）。

② 单击"事件"→"更改数值"，出现函数列表对话框，单击"系统函数"→"画面"→选择"ActivateScreen"，同时画面名选择为"画面_1"（指目标画面）。

4. 水平移动动画制作

如图 2-3-19 所示，行程开关 S1～S5 分别闭合时汽车将停止在相应的位置上。左限位、1号位～3 号位、右限位均为按钮类型，并将 S1 到 S5 位置分为四等份。这种水平移动动画的制作方法如下。

（1）给汽车赋予一个数值变量，可以是与 PLC 有关的 D 变量，也可以是与 PLC 无关的"内部变量 Byte"。

单击画面中"汽车"构件，设置图形视图的属性：常规、属性、动画。

（2）单击"动画"→"水平移动"，出现如图 2-3-20 所示的对话框。

设置：启用；变量：范围从 0 至 4；起始位置与结束位置如图所示。

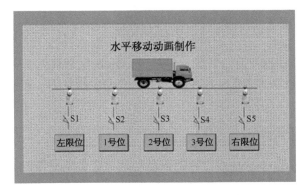

图 2-3-19　水平移动动画制作示例

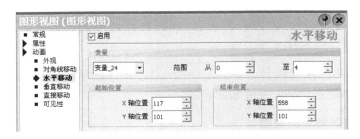

图 2-3-20　图形视图动画设置

（3）单击画面中"1 号位"按钮构件，出现如图 2-3-21 所示的对话框。可设置其常规、属性、动画及事件（单击、按下、释放、激活、取消激活、更改）内容。

图 2-3-21　按钮构件属性设置

设置：单击"事件"→"单击"，出现函数列表对话框。单击"系统函数"→"计算"→选择"SetValue"，同时变量（输出）选择"变量_24"；变量值设定为"1"。设置其他按钮时，变量值分别设定为 0、2、3、4。

 完成工作任务指导

一、控制电路的安装

在 YL-163A 型电机装配与运行检测实训装置中的多网孔板上完成控制电路的安装。完成控制电路的安装任务的方法和步骤如下：

1. 工具耗材准备

工业线槽、1.0mm² 红色和蓝色多股软导线、1.0mm 黄绿双色 BVR 导线、0.75mm² 黑色和蓝色多股导线、冷压接头 SVϕ1.5-4、缠绕带、捆扎带、螺丝刀、剥线钳、压线钳、斜口钳、万用表等。

2. 元器件的选择与检测

根据控制电路原理图，本次控制电路的安装与调试任务所需要的元器件有：单极熔断器、V1000 变频器、三菱可编程控制器 FX3U-32M、西门子触摸屏、开关电源模块、按钮开关及指示灯盒、三相异步电动机。

对以上所列的所有器件进行型号、外观、质量等方面的检测。

3. 线槽和元器件的安装

线槽尺寸及安装方法与项目一任务二中图 1-2-2 所示的相同。将已检测好的元器件按图 2-3-3 所示的位置进行排列，并安装固定。

4. 连接控制电路板上的线路

根据电气控制原理图，按接线工艺要求完成：

（1）主电源与开关电源模块、PLC、变频器之间连接电路的接线；

（2）开关指示灯盒与 PLC 输入端子（X）连接电路的接线；

（3）PLC 输出端子（Y）与变频器多功能输入端子连接电路的接线；

（4）变频器与电动机连接电路的接线；

（5）24V DC 开关电源与触摸屏电路的连接。

整理好导线并将线槽盖板盖好。连接好的线路如图 2-3-22 所示。接线工艺要求：

◇ 连接导线选用正确、电路各连接点连接可靠、牢固、不压皮、不露铜。

◇ 进接线排的导线都需要套好号码管并编号。

◇ 同一接线端子的连接导线最多不能超过 2 根。

在编写触摸屏、PLC 控制程序之前，先对接好的电路板进行检测，操作方法如图 2-3-23 所示。

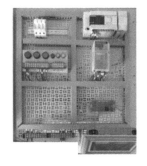 

图 2-3-22 连接好的电路板 　　　　　　图 2-3-23 通电前进行电路的检测

二、触摸屏程序的编写

1. 定义按钮的变量

根据如图 2-3-2 所示的触摸屏控制画面，画面上共有 8 个按钮，包含速度选择按钮 速度 1 至 速度 4 ，方向选择按钮 正转 和 反转 ，控制电动机的运行按钮 启动 和 停止 。根据控制要求，设置各个按钮的变量见表 2-3-1。

表 2-3-1 定义按钮变量

序号	按钮名称	变量	内部变量	序号	按钮名称	变量	内部变量
1	停止	M0	—	5	速度 4	M4	内部变量—12
2	速度 1	M1	内部变量—9	6	正转	M5	内部变量—13
3	速度 2	M2	内部变量—10	7	反转	M6	内部变量—14
4	速度 3	M3	内部变量—11	8	启动	M7	同部变量—15

2. 建立变量表

在选择好通信驱动程序 Mitsubishi Fx 后，建立变量表，见表 2-3-2。

表 2-3-2 变量表

名称	连接	数据类型	地址	注释
变量_1	连接_1	Bit	M0	停止按钮
变量_2	连接_1	Bit	M1	速度1
变量_3	连接_1	Bit	M2	速度2
变量_4	连接_1	Bit	M3	速度3
变量_5	连接_1	Bit	M4	速度4
变量_6	连接_1	Bit	M5	正转
变量_7	连接_1	Bit	M6	反转
变量_8	连接_1	Bit	M7	起动按钮
变量_9	<内部变量>	Bool	<没有地址>	速度1按钮动画标态
变量_10	<内部变量>	Bool	<没有地址>	速度2按钮动画标态
变量_11	<内部变量>	Bool	<没有地址>	速度3按钮动画标态
变量_12	<内部变量>	Bool	<没有地址>	速度4按钮动画标态
变量_13	<内部变量>	Bool	<没有地址>	正转按钮动画标态
变量_14	<内部变量>	Bool	<没有地址>	反转按钮动画标态
变量_15	<内部变量>	Bool	<没有地址>	起动按钮动作标态

3. 设置按钮组态

设置组态主要包括常规、属性、动画、事件等内容。

（1）速度按钮的设置

以 速度 1 按钮（其他参照）为例说明设置的方法和步骤，如图 2-3-24 所示。

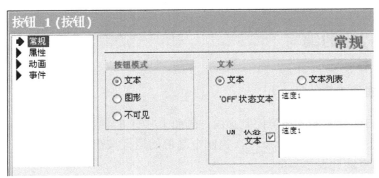

（a）常规设置—文本内容

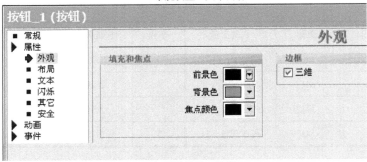

（b）属性设置—外观

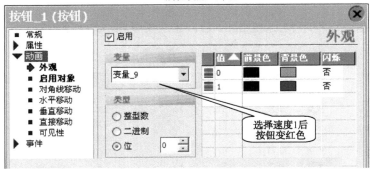

（c）动画设置—外观

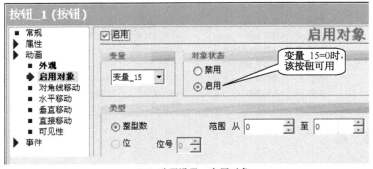

（d）动画设置—启用对象

图 2-3-24　速度 1 按钮组态设置

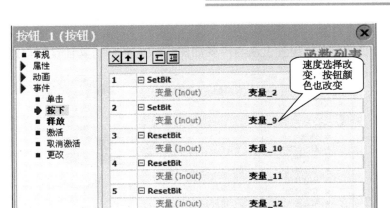

（e）事件设置—按下功能

（f）事件设置—释放功能

图 2-3-24 速度 1 按钮组态设置（续）

（2）正转按钮的设置

正转按钮的事件设置方法与步骤如图 2-3-25 所示。其他设置与速度按钮相同。

（a）事件设置—按下功能

（b）事件设置—释放功能

图 2-3-25 正转按钮组态设置

反转按钮的设置方法与正转按钮的设置方法相同。

（3）启动按钮的设置

启动按钮的动画和事件设置方法与步骤如图 2-3-26 所示。其他设置与速度按钮相同。

（a）动画设置—外观

（b）事件设置—按下功能

（c）事件设置—释放功能

图 2-3-26　启动按钮组态设置

（4）停止按钮的设置

停止按钮的事件设置方法与步骤如图 2-3-27 所示。其他设置与启动按钮相同。

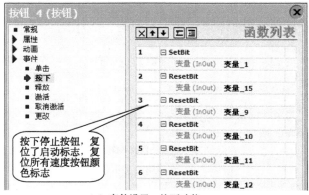

（a）事件设置—按下功能

图 2-3-27　停止按钮组态设置

（b）事件设置—释放功能

图 2-3-27 停止按钮组态设置（续）

三、变频器参数设置

根据任务要求，电动机能以 10Hz、20Hz、30Hz、40Hz 四种频率运行，电动机启动时间设为 4.0s，停止时间为 1.5s。需要设置的变频器参数及相应的参数值见表 2-3-3。

表 2-3-3 需要设置的变频器参数

序　号	参 数 代 号	参 数 值	说　明
1	A1-03	2220	初始化
2	b1-01	0	频率指令（出厂设置）
3	b1-02	0	运行指令（出厂设置）
4	c1-01	4.0	加速时间
5	c1-02	1.5	减速时间
6	H1-01	40	S1 端子选择：正转指令（出厂设置）
7	H1-02	41	S2 端子选择：反转指令（出厂设置）
8	H1-03	3	S3 端子选择：多段速指令 1
9	H1-04	4	S4 端子选择：多段速指令 2
10	d1-01	10	频率指令 1
11	d1-02	20	频率指令 2
12	d1-03	30	频率指令 3
13	d1-04	40	频率指令 4
14	H1-06	F	端子未被使用（避免与 S4 端子冲突）

四、PLC 控制程序的编写

1. 分析控制要求，画出自动控制的工作流程图

分析控制要求不难发现，工作过程可分为速度和方向选择、多段速运行及停止状态，停止状态也就是初始状态。电动机运行后速度和方向不能切换的要求由触摸屏来设定，与 PLC 无关。工作流程图如图 2-3-28 所示。

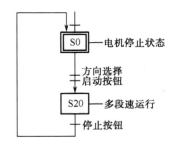

图 2-3-28　工作流程图

2. 编写 PLC 控制程序

根据所画出的流程图的特点，确定编程思路。本次任务要求的工作过程是在选择速度按钮和方向按钮后，按下启动按钮，电动机将以相应的速度运行。根据这一特点，我们把速度选择和方向选择编辑在步进指令外。步进指令梯形图程序如图 2-3-29 所示。

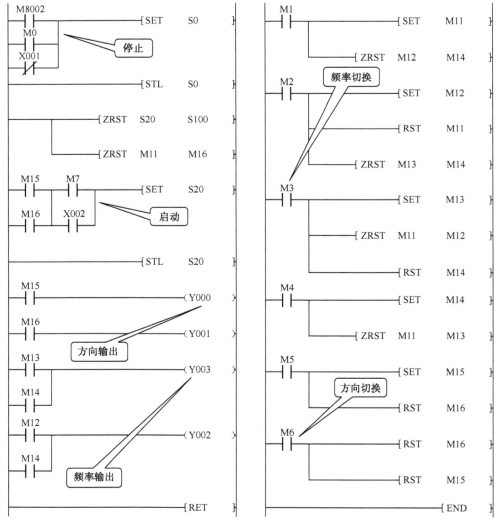

图 2-3-29　步进指令梯形图程序

五、调试控制电路

检查电路正确无误后，将设备电源控制单元的单相 220V 电源连接到控制电路板端子排上。接通电源总开关，按下电源启动按钮，连接通信线，下载触摸屏、PLC 程序。

按照工作任务描述按下触摸屏上的速度按钮、正转（或反转）按钮，检查电动机是否以相对应的频率如 10Hz、20Hz、30Hz、40Hz 运行；此时按下其他速度按钮和方向按钮，检查电动机的运行情况是否会变化。

┌─ 安全提示：
│
│ 在完成工作任务全过程中，必须确保安全用电，必须在确定已断电的情况下才能检测
│ 电路，PLC 和变频器的供电电压为 220V AC，触摸屏为 24V DC。
└─

【思考与练习】

1．在创建触摸屏组态工程过程中，你认为什么最重要？应该注意些什么？

2．触摸屏程序在下载时出现无法下载现象，这是什么原因？

3．在编写 PLC 程序过程中，你遇到什么困难？

4．根据控制要求，你会绘制电气控制原理图吗？你会列出 PLC 的输入/输出地址分配表吗？如何编写触摸屏程序、PLC 程序？

控制要求：触摸屏通过 PLC 控制变频器，变频器实现电动机正反转以及调速。要求按下启动按钮后，电动机能以正转 25Hz 的频率和反转 50Hz 的频率自动切换运行，时间间隔 12 秒，并在触摸屏上显示运行状态（按钮和指示灯）。

5．在完成本次任务中，触摸屏上的 启动 按钮为什么要设置一个 "变量_15" 的变量？

6．请你填写完成编写多段速运行控制的触摸屏程序工作任务评价表（表 2-3-4）。

表 2-3-4　完成编写多段速运行控制的触摸屏程序工作任务评价表

序　号	评价内容	配　分	自我评价	老师评价
1	线槽尺寸及安装工艺是否符合要求	5		
2	元器件的选择、安装工艺是否符合要求	5		
3	电路导线的连接是否按安装工艺规范要求进行	5		
4	检查电路时，是否有漏接、接错、短接等现象	10		
5	调试触摸屏程序时,触摸屏的按钮是否达到功能要求	10		
6	所编写的 PLC 梯形图程序是否能满足本次工作任务要求	10		
7	变频器参数设置是否正确	10		
8	触摸屏与 PLC 建立通信是否正常	5		
9	你安装控制电路的方法和步骤：	10		

序　号	评价内容	配　　分	自我评价	老师评价
10	调试结果记录：	20		
11	完成工作任务的全过程是否安全施工、文明施工	10		
合　　计		100		

项目 三 三相异步电动机装配与运行检测

三相交流异步电动机具有结构简单、坚固耐用、价格低廉、运行可靠、维修方便等优点而获得广泛应用。而且随着变频技术的日益成熟，交流异步电动机的调速控制已应用于生产实践和日常生活中。在物料输送、产品生产线、物件分拣中，交流异步电动机是不可缺少的动力设备。

通过完成三相异步电动机的装配、三相异步电动机绕组的测试、三相异步电动机机械特性的测试以及运行特性测试四项工作任务，了解三相异步电动机的基本结构和工作原理，学会三相异步电动机的装配，学会测量电动机的主要技术参数、测试电动机的机械特性和工作特性的方法和步骤。

任务一　三相异步电动机的装配

工作任务

根据如图 3-1-1 所示的三相交流异步电动机装配图，请你在电机测试台上完成三相交流异步电动机的装配，并通过静态调整与动态调整，使电机装配满足如下要求：

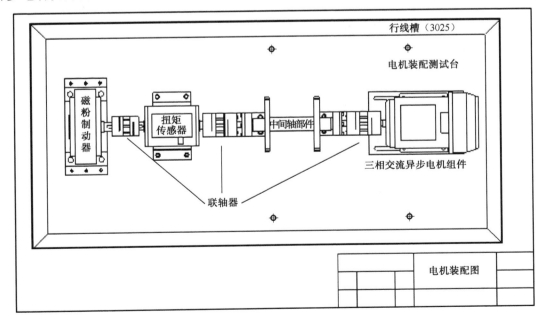

图 3-1-1　三相交流异步电动机装配图

（1）电机安装后要保证轴与轴中心线的同轴度。

（2）齿轮架及轴上的齿轮装配完应转动灵活、轻快。

（3）齿轮啮合要控制合理间隙，拨动齿轮时无异声，传动平稳。

（4）联轴器安装后，两边的端面离被安装的端面距离要合适。

（5）保证三相异步电动机运行时无发热、振动现象，运行噪声在正常范围内。

 **相关知识**

一、机械安装知识

1. 联轴器

YL-163A 型电机装配与运行检测实训装置的测试平台上安装有传动轴，通过连接，电动机将能量传递给扭矩传感器和磁粉制动器，随着磁粉制动器的加载，扭矩传感器将输出与转矩和转速相应的电信号，在仪表盘上实时显示转矩和转速值。因此，电动机与传动机构的连接是很关键的。连接的方式采用联轴器连接（图 3-1-2）。YL-163A 型电机装配与运行检测实训装置所用的联轴器为微型梅花弹性联轴器。

图 3-1-2　联轴器

微型梅花弹性联轴器用于传递动力矩和运动的弹性连接零件，有良好的容差特性和高扭矩刚性，结构简单，容易安装，应用较广泛。

安装电动机时，要求电动机转轴的中心线与传动轴的中心线在同一直线上，如果不在同一直线上，设备会产生振动，甚至损坏联轴器。实际安装中很难做到轴与轴在同一直线上，但只要同轴度偏差在允许的范围内就可以了。

2. 工具和量具

机械安装常用的工具有内六角扳手、活动扳手、水平尺、橡胶锤、铜套等；测量工具有游标卡尺、卷尺、直尺、角度尺等。

二、机械装配工艺规范

机械装配工艺规范要求有以下几点：

① 电机与电机支架的安装要安全可靠，安装后的电机不能有晃动、安装螺钉不应有松动等现象。

② 轴承、轴承座、齿轮副安装方法应符合工艺步骤和规范，安装后的轴承座、轴承端盖螺钉不应有松动现象。

③ 轴承、轴承座、齿轮副、电机与电机支架应在所设定的装配区进行安装，轴键、线槽的制作应远离电气安装区。

④ 电机与传动轴中间应选择合适的相应的弹性联轴器，安装后的联轴器轴深应能使 2 个被连接体均能可靠地安装在相应的安装位置，调整好轴深后，联轴器应与所连接的轴体固定锁紧、弹性垫松紧合适。

⑤ 所安装的传动系统（电机、传动轴、扭矩传感器等）同轴度合适，系统运行平稳、灵活、无明显的阻滞和机械振动。

⑥ 所安装的传动机构各零部件间，不应有明显轴向窜动和纵向跳动，所安装的各零部件在安装前要进行必要的测量，其数据应按任务书要求记录。

完成工作任务指导

一、准备工具与器材

1. 安装工具

安装工具：内六角扳手、钢直尺、直角尺、游标卡尺、橡胶锤、铜套。

2. 器材

三相异步电动机、电动机支架、微型弹性联轴器、内六角螺栓、螺母、中间轴部件。

二、电动机装配的环境要求与安全要求

1. 装配工作的环境要求

① 电机装配前，应注意清洁零件的表面。
② 安装平台上不允许放置其他器件、保持整洁。
③ 在操作过程中，工具与器材不得乱摆。工作结束后，收拾好工具与器材，清扫卫生，保持工位的整洁。

2. 装配工作的安全要求

① 要正确使用安装工具，防止在操作中发生伤手的事故。
② 动态检测时，使用三相 220V 电源，并遵守安全用电规程。

三、完成工作任务的方法与步骤

三相异步电动机装配的方法与步骤如图 3-1-3 所示。

（a）整理安装平台

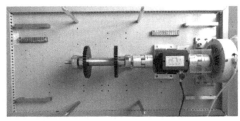

（b）安装中间轴（长轴）部件

（c）清洁零配件

（d）用内六角扳手安装底座

（e）用游标卡尺定位

（f）用内六角扳手安装电机通用底板

（g）检查轴与轴的同轴度

（h）用扳手紧固电动机座

（i）安装联轴器

（j）安装防护板

图 3-1-3　三相交流异步电动机装配方法和步骤

安全提示：

　　安装好防护板后才能做动态测试，测试时必须使用 220V AC 三相交流电源，并注意安全用电规程；静态测试时，必须在断开电源的情况下进行。

【思考与练习】

　　1. 你是不是按"完成工作任务指导"中的方法和步骤将三相交流异步电动机装配在安装平台上的？你能自己设计拆卸三相交流异步电动机的工艺步骤吗？请说出你的想法。

　　2. 你是怎样调节电动机通用底板的水平度的？你又是怎样估算电动机通用底板的安装高度的尺寸？

　　3. 你在安装电动机通用底板时遇到了什么困难？你是如何克服的？你是怎样紧固电动机通用底板的？

　　4. 安装联轴器时，如何把握联轴器连接的紧固程度？

　　5. 同轴度的偏差分为哪三种？如何克服这种偏差？

　　6. 请你填写完成三相交流异步电动机的装配工作任务评价表（表 3-1-1）。

表 3-1-1　完成三相交流异步电动机的装配工作任务评价表

序　号	评价内容		配　分	自我评价	老师评价
1	零部件表面是否清洁过		5		
2	安装平台上是否有乱摆放东西的现象		5		
3	安装过程是否符合规范要求		5		
4	部件安装次序位置是否正确		5		
5	三相交流异步电动机组件安装情况		5		
6	测量电机通用底板高度		5		
7	三相交流异步电动机型号		5		
8	扭矩传感器与中间轴部件的联轴器安装情况		5		
9	三相异步电动机转轴与中间轴部件的联轴器安装情况		5		
10	螺栓安装是否紧固		5		
11	安装完成后是否盖上防护板并固定好		5		
12	静态测试时是否正常		5		
13	动态测试是进否正常		5		
14	安装中间轴部件的步骤：		10		
15	安装电动机组件的步骤：		10		

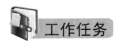

序　号	评价内容	配　分	自我评价	老师评价
16	作业过程中是否符合安全操作规程	10		
17	完成工作任务后，工位是否整洁	5		
	合　计	100		

任务二　三相异步电动机绕组测试

工作任务

　　YL-163A 电机装配与运行检测实训装置所配置的三相鼠笼式电动机如图 3-2-1 所示。请你完成以下几项工作任务：

（1）卸下连接片，测试三相交流异步电动机各相绕组的阻值。

（2）用兆欧表测量三相交流异步电动机各相绕组之间、绕组与机壳之间的绝缘电阻。

（3）用交流电压法判别三相绕组首尾端。

图 3-2-1　三相异步电动机

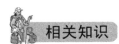　**相关知识**

一、三相异步电动机

1. 三相异步电动机的基本结构

（1）定子部分

　　定子部分主要由铁心和绕在铁心上的三相绕组构成。铁心一般是由表面涂有绝缘漆的 0.5mm 厚的硅钢片叠压而成。三相绕组按一定规律分布在定子铁心槽内，整个绕组和铁心固定在机壳上。

　　定子中三相绕组的首尾端以 U_1-U_2、V_1-V_2、W_1-W_2 表示，这 6 个首尾端通常引到机座上的接线盒内，并固定在盒中的接线端子上，用三个接线用的连接片就能够方便地接成三角形或星形，如图 3-2-2 所示。使用时，当电源电压等于电动机每相绕组的额定电压时，绕组应作三角形连接；当电源电压等于电动机每相绕组额定电压的 $\sqrt{3}$ 倍时，绕组应作星形连接。

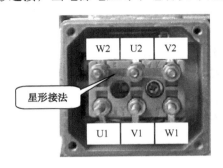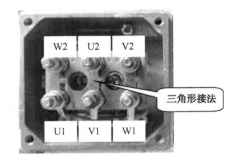

图 3-2-2 三相异步电动机绕组连接图

我国生产的三相异步电动机，功率在 4kW 以下的定子绕组一般接成星形，4kW 以上的定子绕组接成三角形。

（2）转子部分

转子部分主要由转子铁心、转子绕组及转轴组成。转子又分为鼠笼型和绕线型两种。转子铁心一般也是由 0.5mm 厚的硅钢片叠成，铁心固定在转轴上，整个转子铁心的外表呈圆柱形。

鼠笼型转子是在转子铁心槽内压进铜条，铜条两端分别焊在两个铜环上。中、小型电动机一般都将熔化的铝铸在转子铁心槽中，连同短路端环以及风扇叶片一次浇铸成形，这样的转子不仅制造简单而且坚固耐用。

2. 三相异步电动机铭牌

每台异步电动机的机座上都装有一块铭牌，上面标出该电动机的型号、额定值和有关的技术数据，YL-163A 型实训装置所用的三相异步电动机铭牌如图 3-2-3 所示。只有了解铭牌上数据的含义，才能正确选择、使用和维护电动机。

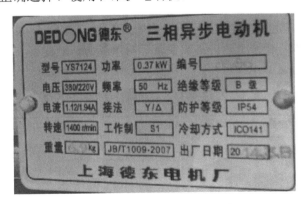

图 3-2-3 三相异步电动机铭牌

三相异步电动机铭牌上的主要技术数据：

① 型号 YS7124

YS 表示小功率三相异步电动机，71 表示机座中心高（mm），2 表示铁心长度代号，4

为电动机磁极数。

② 额定功率

电动机按铭牌所给条件运行时，轴端所输出的机械功率，单位为千瓦（kW）。

③ 额定电压

电动机在额定运行状态下加在定子绕组上的线电压，单位为伏（V）。380/220V 表示：Y 形接法，工作电压 380V；△形接法，工作电压 220V。

④ 额定电流

电动机在额定电压和额定频率下运行，输出功率达额定值时，电网注入定子绕组的线电流，单位为安（A）。1.21/1.94A 表示：Y 形接法，电流 1.21A；△形接法，电流 1.49A。

⑤ 额定频率

电动机所用电源的频率，单位为赫兹（Hz）。

⑥ 额定转速

电动机转子输出额定功率时每分钟的转数，单位为转/分（r/min）。通常额定转速比同步转速低 2%～6%。

⑦ 绝缘等级

电动机绕组所用绝缘材料按它的允许耐热程度规定的等级，分 A、E、B、F、H、C、N、R 等级。各个等级对应的耐热程度见表 3-2-1。

表 3-2-1　绝缘等级

等级	A	E	B	F	H	C	N	R
温度/℃	105	120	130	155	180	200	230	240

⑧ 工作制

电动机允许持续使用的时间，分连续、短时、断续三种工作制，分别用 S1、S2、S3 表示。

⑨ 防护等级

电动机外壳防水、防尘能力的程度，表示为 IP□□。其中 IP 表示国际防护缩写，第一位数字表示防尘（固体）能力，第二位数字表示防水能力。防尘能力共有 7 级，防水能力共有 9 级，其分级规定见表 3-2-2。

表 3-2-2　三相异步电动机外壳的防护等级

	等级	名称	防护性能
第一位数字	0	无防护	没有专门防护
	1	防护大于 50mm 的固体	能防止直径大于 50mm 的固体异物进入壳内；能防止人体的某一大部分（如手）偶然或意外地触及壳内带电或转动部分，但不能防止有意识地接近这些部分
	2	防护大于 12mm 的固体	能防止直径大于 12mm、长度不大于 80mm 的固体异物进入壳内；能防止手指触及壳内带电或转动部分

	等 级	名 称	防 护 性 能
第一位数字	3	防护大于 2.5mm 的固体	能防止直径大于 2.5mm 的固体异物进入壳内； 能防止厚度或直径大于 2.5mm 的工具、金属线等触及壳内带电或转动部分
	4	防护大于 1mm 的固体	能防止直径大于 1mm 的固体异物进入壳内； 能防止厚度或直径大于 1mm 的工具、金属线或类似的物体触及壳内带电或转动部分
	5	防尘	不能完全防止尘埃进入，但进入量不足以达到妨碍电机的运行程度； 完全防止触及壳内带电或转动部分
	6	尘密	完全防止尘埃进入壳内；完全防止触及壳内带电或运动部分
第二位数字	0	无防护	没有专门防护
	1	防滴	垂直的滴水对电动机无有害的影响
	2	15°防滴	与沿垂线成 15°角范围内的滴水对电动机无有害的影响
	3	防淋水	与沿垂线成 60°角或小于 60°角范围内的滴水对电动机无有害的影响
	4	防溅	任何方向的溅水对电动机无有害的影响
	5	防喷水	任何方向的喷水对电动机无有害的影响
	6	防海浪或防强力喷水	强海浪或强力喷水对电动机无有害影响
	7	浸入	在规定压力和时间浸入水中对电动机无有害影响
	8	潜水	按规定条件，长期潜水对电动机无有害影响

除此之外，电动机铭牌上的数据还有额定效率、功率因数、绕组接法、噪声等级、编号等。

3. 三相绕组的首尾端

如果我们把 U_1-V_1-W_1 称为三相绕组的首端，那么 U_2-V_2-W_2 就称为三相绕组的尾端。三相绕组作 Y 形连接时，就是把 U_2-V_2-W_2 连接起来，U_1-V_1-W_1 分别接入三相交流电源 L_1-L_2-L_3；三相绕组作△形连接时，就是将 U_1-W_2、V_1-U_2、W_1-V_2 首尾端相连接。

那么三相绕组的首尾端是怎样规定的呢？我们不妨把三相异步电动机的磁路比作三相变压器磁路，三相绕组就是变压器三个芯柱上的三个原边绕组，如图 3-2-4 所示。图中，当电流从 U_1、V_1、W_1 流入时，三个芯柱的磁通方向均一致向上。所以，定义 U_1-V_1-W_1 互称为首端，U_2-V_2-W_2 互称为尾端。

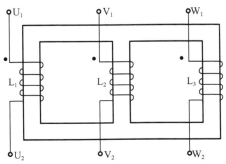

图 3-2-4 三相绕组磁路示意图

二、兆欧表

兆欧表又称摇表、高阻表，它的读数以兆欧做单位，是专门检测高工作电压下的高值电阻的便携式仪表，如图 3-2-5 所示。

图 3-2-5　兆欧表外形

1. 兆欧表的结构

兆欧表的结构主要由一台小容量、高电压输出的手摇直流发电机，一只磁电式流比计，和 3 个接线柱组成。这 3 个接线柱，分别是线（L）、地（E）、屏蔽（G）。

兆欧表的标度尺是用电阻做标度，是刻度不均匀的反向标度尺。兆欧表的转动部分没有游丝，当流比计中没有电流时，指针可以停留在标度尺的任意位置。

2. 兆欧表的使用方法

（1）准备工作

① 兆欧表性能检查

将兆欧表水平放稳，以大约 120r/min 的转速空摇兆欧表，指针应指到"∞"处；再慢慢摇动，使"L"和"E"两接线柱输出线瞬时短接，指针应迅速指零。

② 检查被测电气设备和电路

检查被测电路和设备，确保已全部切断电源。

③ 检查储能元件

检查被测线路和设备的储能元件，保证其已接地、短路、放电。

（2）正确接线

一般情况下，被测电阻接在"L"与"E"两个接柱之间。当被测对象在潮湿的情况下，还要使用屏蔽接线柱"G"。此时表面漏电流不通过流比计线圈，而是经屏蔽接线柱"G"流回发电机负极。

兆欧表与被测电阻之间要用单股导线连接，不得使用双股线或绞合线。

（3）注意事项

① 摇动手柄速度由慢到快，一般维持在 120r/min 左右（允许±20%的变化），大约 1min，待指针稳定后再读数。

② 摇动中如果发现指针指零，说明被测对象有短路现象，应立即停止摇动，防止过电流烧坏流比计线圈。

③ 兆欧表未停止转动前，切勿用手触及设备的测量部分或摇表接线柱。

④ 禁止在雷电时或附近有高压导体的设备上测量绝缘电阻。

⑤ 测量完毕时，应对设备充分放电，再拆除兆欧表的接线，否则容易触电。

完成工作任务指导

一、三相绕组电阻及绝缘电阻的测量

1. 测量工具及器材准备

测量工具：数字万用表、500V 兆欧表。

器材：十字螺丝刀、活动扳手、三相交流异步电动机、连接导线若干。

2. 三相绕组电阻及绝缘电阻的测量

打开三相异步电动机接线盒盖，拆卸连接片，按照如图 3-2-6 所示的方法和步骤完成测量任务，并将测量数据填写在表 3-2-3 中。

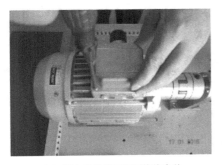

（a）用十字螺丝刀取下接线盒盖

（b）用活动扳手拆卸连接片

（c）用万用表测量 U 相绕组电阻

（d）用兆欧表测量绕组间绝缘电阻

图 3-2-6 三相绕组电阻及绝缘电阻测量

表 3-2-3 绕组电阻值及绝缘电阻记录表

绕组电阻Ω	U 相		V 相		W 相	
绝缘电阻 MΩ	U 相对机壳		V 相对机壳		W 相对机壳	
	UV 相之间		VW 相之间		WU 相之间	

二、三相绕组首尾端的判别

1. 测量工具及器材准备

万用表、三相调压器及仪表盘、十字螺丝刀、活动扳手、三相异步电动机、导线。

2. 三相绕组首尾端的判别

三相绕组首尾端判别电路原理图如图 3-2-7 所示。

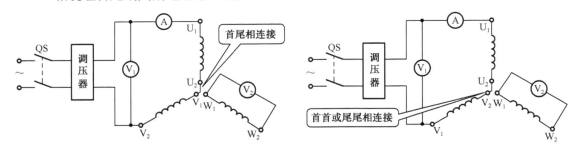

图 3-2-7　用交流电压法判别三相绕组首尾端电路图

（1）用万用表测出每相绕组的两端 U_1-U_2，V_1-V_2，W_1-W_2，并编号①～⑥。先确定①为 U_1、②为 U_2；③与④分别表示 V_1 或 V_2；⑤与⑥分别表示 W_1 或 W_2。

（2）按图 3-2-7 所示将电动机绕组中的任意两相串联（如图中 U_2 与 V_1 或 U_2 与 V_2 相连接），另两端分别接至三相调压器的两个输出端。

（3）闭合电源开关 QS，调节调压器的输出电压为 35～70V，注意输入电流不要超过绕组的额定电流且通电时间不宜过长，以免绕组发热。

（4）用万用表测量另一相绕组 W_1-W_2 电压。若万用表有一定的读数，表明所串联的两相绕组为尾端与首端相连；若万用表的读数 $U_2 \approx 0$，则表明所串联的两相绕组为尾端与尾端（或首端与首端）相连接。终于判别出 V_1-V_2 相绕组的首尾端。

（5）将 W_1-W_2 相绕组与 U_1-U_2 相绕组串联，用同样的方法确定 W_1-W_2 相绕组的首尾端。具体操作过程如图 3-2-8 所示，测量数据填入表 3-2-4 中。

 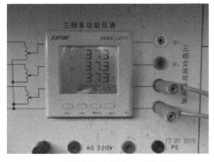

（a）用手调节调压器旋钮　　　　　　　（b）从仪表盘上读出电源电压值

图 3-2-8　用交流电压法判别三相绕组首尾端的方法与步骤

（c）U₂ 与 V₁ 连接，U₁、V₂ 接电源

（d）用万用表测量 U₁-V₂ 电压值

（e）用万用表测量 W₁-W₂ 电压

（f）测量完毕将接线盒盖装上

图 3-2-8　用交流电压法判别三相绕组首尾端的方法与步骤（续）

表 3-2-4　绕组首尾端判别测量数据记录表

第一组（UV 相串联后加电压，测 W 相电压）			第二组（UW 相串联后加电压，测 V 相电压）		
W₁-W₂ 电压	编号③	编号④	V₁-V₂ 电压	编号⑤	编号⑥

安全提示：

完成本次工作任务，需要在带电情况下进行，所以应注意安全用电规程。调压器输出电压不宜过高，通过绕组电流不超过其额定电流值，而且通电时间也不宜过长，避免绕组发热。

【思考与练习】

1．你是否按"完成工作任务指导"中的方法与步骤完成三相异步电动机绕组测试工作任务？

2．你用万用表的哪一挡来测量三相异步电动机绕组的电阻？

3．你用什么测量工具测量三相异步电动机的绝缘电阻？为什么不能用万用表来测量绝缘电阻呢？

4．请你说一说兆欧表的使用方法和应注意哪些事项？

5．三相绕组首尾端的判别法一般有直流法、交流法和剩磁法三种。你能说一说它们的判别原理各是什么吗？

6．请你填写完成三相异步电动机绕组测试工作任务评价表（表 3-2-5）。

表 3-2-5　完成三相异步电动机绕组测试工作任务评价表

序　号	评 价 内 容		配　分	自 我 评 价	老 师 评 价
1	使用万用表的方法是否正确		10		
2	兆欧表的使用方法是否正确		10		
3	三相绕组电阻的平均值		10		
4	绕组之间绝缘电阻		10		
5	绕组与机壳之间绝缘电阻		10		
6	调压器输出电压值		10		
7	你判别三相绕组首尾端的方法和步骤：		15		
8	作业过程中是否符合安全操作规程		10		
9	完成工作任务后，工位是否整洁		5		
合　计			100		

任务三　三相异步电动机机械特性的测试

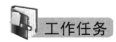　工作任务

按照图 3-1-1 所示的三相异步电动机装配图已完成了三相异步电动机的装配工作任务，如图 3-1-3 所示。本次工作任务测试三相异步电动机的机械特性，测试电路原理图如图 3-3-1 所示。请你完成以下几项工作任务：

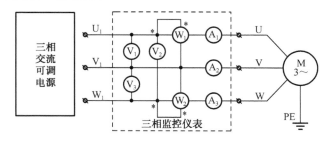

图 3-3-1　三相笼式异步电动机测试电路原理图

（1）固有机械特性的测定。根据测试电路原理图，调节三相交流可调电源电压为 220V 并保持固定。通过改变磁粉制动器制动电流，测试三相异步电动机的机械转矩和转速。

（2）调压调速特性的测试。调节三相交流可调电源电压，取若干数值。再次通过改变磁粉制动器制动电流，测试三相异步电动机的机械转矩和转速。并进一步分析定子电压对机械

特性的影响。

（3）变频调速特性的测试。通过变频器给定不同频率，在某一频率下，通过改变磁粉制动器制动电流，测试三相异步电动机的机械转矩和转速。并进一步分析电源频率对机械特性的影响。测试电路原理图如图 3-3-2 所示。

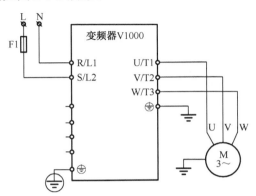

图 3-3-2　三相异步电动机变频调速特性测试电路图

 相关知识

一、三相异步电动机工作原理

1. 转动原理

在物理学中，我们学习了载流导体在磁场中会受到磁力的作用，而磁力对线圈转轴形成转矩，这个转矩会使线圈在磁场中转动。当通入电流的方向改变时，线圈在磁场中转动的方向也随之改变，三相异步电动机就是根据这一原理工作的。

2. 转差率

当三相异步电动机接通三相交流电源时，三相绕组将产生有确定方向和转速的旋转磁场。旋转磁场的方向取决于三相交流电源的相序；旋转磁场的转速 n 取决于磁极数 p 和交流电源频率 f_1，即

$$n_1 = \frac{60 f_1}{p}$$

转子始终受到旋转磁场的切割而产生转矩，转子的转速总是与旋转磁场的转速有一定的差值，这个差值可用转子的转差率来表示，即

$$S = \frac{n_1 - n}{n_1} \times 100\%$$

转子转差率的额定值一般为 0.02～0.07。

3. 机械特性

三相异步电动机的机械特性是指电机转速 n 随负载转矩 T_L 的变化而变化的关系，即

$$n = f(T_L)$$

三相异步电动机的机械特性曲线如图 3-3-3 所示。

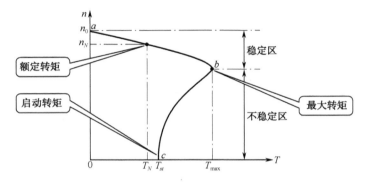

图 3-3-3　三相异步电动机机械特性曲线

在机械特性曲线图中，存在稳定工作区和不稳定工作区。在曲线 ab 段，当作用在电动机轴上的负载阻转矩发生变化时，电动机能适应负载的变化而自动调节达到稳定运行。电动机从空载到满载运行过程，转子的转速下降很小，具有硬机械特性；在曲线 bc 段，因电动机工作在该区段时其电磁转矩不能自动适应负载阻转矩的变化，电动机运行中，当负载超出最大电磁转矩时，电机运行状态进入不稳定区，转子转速急剧下降，甚至导致电机堵转，此时堵转电流很大，堵转电流一般为额定电流的 4～7 倍。

在机械特性曲线上有三个重要转矩，是应用和选择电动机时应注意的。

（1）额定转矩

额定转矩是指电动机在额定状态下工作时，轴上输出的转矩。它可由下式计算：

$$T_N = 9550 \frac{P_N}{n_N}$$

式中，T_N 为额定转矩，单位是牛米（N·m）；P_N 为电动机的额定功率，单位是千瓦（kW）；n_N 为电动机额定转速，单位是转/分（r/min）。

（2）最大转矩

最大转矩是指电动机所能产生的最大电磁转矩值。最大转矩 T_{max} 反映三相异步电动机的过载能力。

（3）启动转矩

启动转矩是指电动机启动瞬间，转速 $n = 0$、转差率 $S = 1$ 时，对应的转矩。启动转矩 T_{st} 反映三相异步电动机带负载的启动能力。

由于电动机空载或轻载时的功率因数和效率都很低。因此，在选择电动机时应尽量避免用大容量的电动机去拖动小功率的机械负载。

4. 调速特性

调速是指人为地改变电动机的转速。这里仅介绍两种调速的方法供读者参考。

（1）调压调速

经数学理论分析可知，电磁转矩 T 与定子每相电压的平方 U^2 成正比，与转差率 S 有较复杂的函数关系。因此，当电源电压发生变化时，电磁转矩将按 U^2 关系发生变化。不同电压下的机械特性曲线如图 3-3-4 所示。

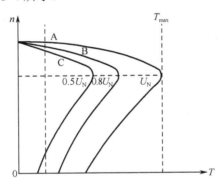

图 3-3-4 三相异步电动机调压机械特性

由图 3-3-4 所示的不同电压下的机械特性曲线知，不同工作电压下电动机的转速不同。因此，通过调节电源电压可以达到改变电机转速的目的，这种方法称为调压调速。

调压调速具有以下几个特点：

① 用三相调压器来降低定子绕组上所承受的电压。

② 只能在额定转速下进行调速。

③ 电动机的启动能力和过载能力下降。

（2）变频调速

根据以下公式可知

$$n = (1-S)\frac{60f}{p}$$

三相异步电动机的转速与电源频率成正比关系。所以，通过改变三相异步电动机供电电源的频率就可以改变电机的转速，这种方法称为变频调速。目前采用通用变频调速控制器，它可以平滑调节交流电的频率，使三相异步电动机实现无级调速。不同频率下的机械特性曲线如图 3-3-5 所示。

调频调速具有以下几个特点：

① 机械特性曲线仍然平滑。

② 不同频率下的最大转矩相同，电动机的过载能力不变。

③ 电源频率下降，而启动转矩却增加，因此这种变频调速方法可以提高电动机的启动能力。

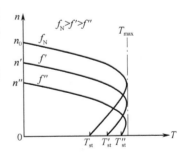

图 3-3-5 三相异步电动机调频机械特性

二、磁粉制动器

磁粉制动器是一种性能优越的自动控制元件。它以磁粉为工作介质，以激磁电流为控制手段，达到控制制动转矩或传递转矩的目的。其输出转矩与激磁电流呈良好的线性关系，而与转速或滑差无关，并具有响应速度快、结构简单等优点。磁粉制动器外观如图 3-3-6 所示。

磁粉制动器与转矩转速传感器等测量仪配套，可组成成套转矩转速测试系统，用于传动机械输出的转矩、转速等的检测。

1. 磁粉制动器的基本特性

（1）激磁电流与转矩关系特性

激磁电流与转矩呈良好线性关系，通过调节激磁电流可以无极控制转矩的大小。其特性如图 3-3-7（a）所示。

图 3-3-6　磁粉制动器外观

（2）转速与转矩关系特性

转矩与转速无关，保持定值，静力矩和动力矩没有差别。其特性如图 3-3-7（b）所示。

（3）负载特性

磁粉制动器的允许滑差功率，在散热条件一定时是定值。其连续运行时，实际滑差需在允许滑差功率以内。转速较高时，需降低力矩使用。其特性如图 3-3-7（c）所示。

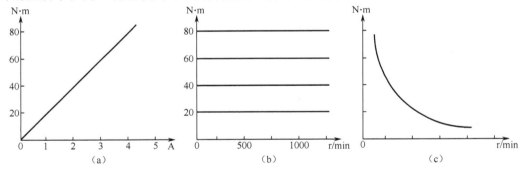

图 3-3-7　磁粉制动器的基本特性

2. 磁粉制动器的使用与维护

（1）磁粉制动器用直流电作激磁电源。

（2）磁粉制动器首次使用前，通以 30%的额定电流，运转 10s 后断电再通电，反复几次，保证磁粉流动性和均匀分布。

（3）磁粉制动器不能超转矩、转速使用，否则磁粉寿命会急剧下降，或者出现漏粉、卡死现象。

（4）磁粉制动器如长期不用，需每月开机 5min，调节激磁电流，使转矩在 0 到额定转矩之间上下两个循环，以保持磁粉干燥不结块。

（5）磁粉制动器在使用过程中，如发现没有转矩，应检查有无激磁电流、线圈有无碰壳或短路。

（6）磁粉制动器在使用过程中，如发现转矩下降，可考虑更换磁粉。

 完成工作任务指导

一、三相异步电动机机械特性的测试

1. 工具与器材准备

安装工具：螺丝刀、剥线钳、压线钳、斜口钳、万用表等。

器材：三相交流可调电源、三相异步电动机、磁粉制动器、扭矩传感器、仪表盘、插接导线、1.0mm² 红色多股软导线、1.0mm 黄绿双色 BVR 导线、冷压接头 SVϕ1.5-4。

2. 测试的方法与步骤

（1）三相异步电动机的装配

三相异步电动机的装配与任务二相同。

（2）三相异步电动机机械特性测试电路接线

根据如图 3-3-1 所示的三相异步电动机机械特性测试原理图进行电路连接，如图 3-3-8 所示。

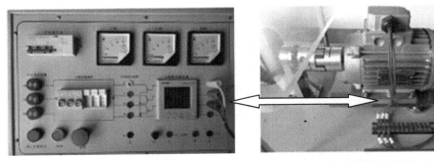

（a）从调压器输出端引出电源　　　　　　（b）将三相可调电源接入电动机

图 3-3-8　测试电路连接

（3）三相异步电动机机械特性的测试

测试的方法与步骤如下：

① 测试前，把三相交流调压器旋钮逆时针方向调至零位，并且断开磁粉制动器电源。

② 接通电源，慢慢地调节电源电压由零逐渐升高至额定电压 220V（三相监控仪表 电压读数为 127V），如图 3-3-9 所示。注意观察在施加电压的过程中电机的运行情况和旋转方向。通过调整电源相序，可以改变电机的转向，但必须是在切断电源后才能进行。

③ 闭合磁粉制动器开关电源，调节制动器控制电位器，即调节制动电流（0A～0.9A 范围）以改变电动机的负载转矩 T_L，测定对应的转速 n，即可得到额定电压时的机械特性 $n=f(T_L)$。实时显示测试数据如图 3-3-10 所示。

图 3-3-9　调节电源电压

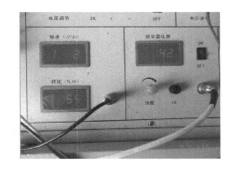

图 3-3-10　记录测试数据

注意： 在接通电源，逐渐升高电压使电机启动后，应保持电动机在额定电压时空载运行数分钟，使机械损耗达到稳定后再进行测试。

在测量的数据中，额定转矩、最大转矩及启动转矩是必测的。

◇ 额定转矩的测量

额定电压下启动电动机后，逐步调节磁粉制动器电源（即增加负载），直至电机转速达到电机标牌的额定值为止，在电机的电压、电流、转速稳定运行后读取此时的转矩，即为额定转矩。

◇ 最大转矩的测量

在测量了额定转矩后，再继续缓慢增加磁粉制动器控制电源 I_G，此时电机的转速也随之有所下降，在电机转速出现突然急降的那个时刻记录此时的转矩，即为最大转矩。

◇ 启动转矩的测量

在读取了最大转矩后，仍继续增加磁粉制动器控制电源 I_G，此时电机转速已迅速下降至零，电机处于堵转状态。读取此时的转矩即为启动转矩。

请你注意观察：读取数值后，开始逐步调小磁粉制动器控制电源 I_G，在观察到电机由静止状态开始旋转时读出此时的转矩。那么，从电机堵转到启动阶段，转矩表盘上读数是否会变化？

④ 记录测量数据并填写在表 3-3-1 中。

表 3-3-1　三相笼式异步电动机的机械特性记录表　　测试条件： U_L=220V/50Hz

制动电流 I_G A	0	0.1	0.3	0.5	0.7	0.8	0.9			
机械转矩 T_L N·m								额定	最大	启动
转速 r/min										

⑤ 测试完毕后，先调节制动电流为零并断开制动器电源，然后再断开实训台总开关，然后调节三相交流可调电源旋钮恢复至零位。

⑥ 整理实训台。

（4）绘制三相异步电动机的机械特性曲线

根据表 3-3-1 所示的测试数据，绘制三相异步电动机的机械特性曲线 $n=f(T_L)$，如图 3-3-11 所示。

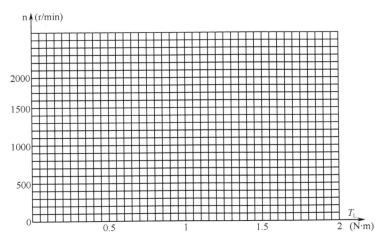

图 3-3-11　三相异步电动机机械特性曲线

安全提示：

完成本次工作任务全过程，需要在带电情况下进行，所以应注意安全用电规程。测试用电动机 YS7124 正常工作在 220V/△ 方式下，电源相电压为 127V，由调压器调节输出供给。因此，调压器输出电压最高不能超过 220V。另外，工作任务结束后，必须在确保断开总电源开关后才能进行拆卸电路和设备。

二、三相异步电动机调压机械特性的测试

三相异步电动机调压机械特性测试的方法与步骤同额定工作电压下的机械特性测试相同。因此，在完成电动机额定工作电压下的机械特性测试任务的基础上，逐次改变定子电压 U_L，分别调节为 U_L=220V、200V、180V、160V 等并保持恒定，重做上述测试。将测试数据填入表 3-3-2 中，并画出不同工作电压下的机械特性曲线 $n=f(T_L)$，如图 3-3-11 所示。

表 3-3-2　三相笼式异步电动机的机械特性记录表　　测试条件：U_L=_____V/50Hz

制动电流 I_G A	0	0.1	0.3	0.5	0.7	0.8	0.9			
机械转矩 T_L N·m								额定	最大	启动
转速 r/min										

三、三相异步电动机调频机械特性的测试

1. 工具与器材准备

安装工具：十字螺丝刀、钟表螺丝刀、剥线钳、压线钳、斜口钳、万用表等。

器材：单相 220V 电源、V1000 变频器、三相异步电动机、磁粉制动器、扭矩传感器、仪表盘、插接导线、$1.0mm^2$ 红色多股软导线、1.0mm 黄绿双色 BVR 导线、冷压接头 $SV\phi1.5-4$。

2. 测试的方法与步骤

（1）三相异步电动机的装配

三相异步电动机的装配与任务二相同。

（2）三相异步电动机机械特性测试电路接线

根据如图 3-3-2 所示的三相异步电动机机械特性测试原理图进行电路连接。

测试前先检查安装安装电路是否正确，然后进行测试。三相异步电动机调频特性测试的方法与步骤如下所述：

① 测试前，先确定电源开关是断开的，同时断开磁粉制动器电源。

② 闭合电源总开关，接通变频器电源。设置变频器参数：b1-01=0 、b1-02=0，使频率指令和运行指令均由面板控制。

③ 操作变频器面板，在 50Hz 频率下运行三相异步电动机。

④ 闭合磁粉制动器开关电源，调节制动器控制电位器，即调节制动电流（0A～0.9A 范围）以改变电动机的负载转矩 T_L，测定对应的转速 n，即可得到 50Hz 频率下的机械特性 $n=f(T_L)$。

注意：电动机启动后，应保持电动机在额定频率 50Hz 时空载运行数分钟，使机械损耗达到稳定后再进行测试。

在测量的数据中，其中额定转矩、最大转矩及启动转矩是必测的。

⑤ 逐次改变电源频率，依次选择 40Hz、30Hz、20Hz、10Hz 等再按上述步骤进行测试。

⑥ 记录所有的测量数据并填写在表 3-3-3 中，画出不同频率下的机械特性曲线，如图 3-3-11 所示。

⑦ 测试完毕后，先调节制动电流为零并断开制动器电源，然后再断开实训台总开关。

⑧ 整理实训台。

表 3-3-3 三相笼式异步电动机的调频特性记录表 测试条件：U_L=220V/ f=_____Hz

制动电流 I_G A	0	0.1	0.3	0.5	0.7	0.8	0.9			
机械转矩 T_L Nm								额定	最大	启动
转速 r/min										

【思考与练习】

1. 你是否按"完成工作任务指导"中的方法与步骤完成三相异步电动机机械特性测试工作任务？说说你自己的想法。

2. 在调压调速测试中测得一组数据：U_L=220V，n=1470r/min，T_L=0.153Nm。试计算此时三相异步电动机输出的机械功率是多少？你是用那个公式计算的？

3. 测试三相异步电动机的调压特性时，将不同工作电压下的机械特性曲线画在同一坐标，试分析它们有什么特点？不同电压下的最大转矩对应的转速是否相同？

4. 测试用三相异步电动机的最高工作电压为什么是 220V？可不可以采用 380V 电压，如果可以，那么三相绕组的接法如何？

5. 测试三相异步电动机的调频特性时，将不同频率下的机械特性曲线画在同一坐标，试比较它们有什么特点？不同频率下的最大转矩是否相同？

6. 三相异步电动机 YS7124 铭牌标注转速为 1400r/min，试计算该电动机的额定转差率是多少？

7. 一台三相异步电动机，T_{st}/T_N=2.2，Y—△减压启动，试问：当负载转矩为额定转矩的 62%时，电动机能否启动？为什么？

8. 完成补偿转矩的测试：让三相异步电动机处于变频调速控制，正确设定变频器参数，使变频器在 5Hz 频率下运转。根据不同的转矩补偿参数（C4-01），对三相异步电动机的堵转状态进行测试，将测试数据填入表 3-3-4 中。

表 3-3-4　变频器转矩补偿特性测试记录表　　测试条件：5Hz，堵转状态

转矩补偿参数	0.00	0.25	0.50	0.75	1.00	1.25
转矩 T_L N·m						
电压 V						
电流 A						
备注：电压、电流可通过变频器显示						

9. 什么叫跳变频率？当电动机采用变频器进行无级调速时，有可能出现一处或多处谐振频率，你是怎样设定跳变频率的？并画出输出频率和跳变频率的关系图。

10. 请你填写完成三相异步电动机机械特性测试工作任务评价表（表 3-3-5）。

表 3-3-5　完成三相异步电动机机械特性测试工作任务评价表

序　号	评 价 内 容	配　分	自 我 评 价	老 师 评 价
1	调节三相调压器的电压是否超出要求的范围	10		
2	操作时是否有一人操作、一人监护	10		
3	220V/50Hz 条件下最大转矩	10		

序　号	评价内容		配　分	自我评价	老师评价
4	220V/50Hz 条件下额定转矩		10		
5	220V/50Hz 条件下启动转矩		10		
6	三相异步电动机的额定转速		10		
7	比较调压下机械特性曲线，你的结论是什么？		15		
8	比较调频下机械特性曲线，你的结论是什么？		15		
9	完成工作任务后，工位是否整洁		10		
	合　　计		100		

任务四　三相异步电动机运行特性的测试

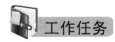 工作任务

根据三相异步电动机测试电路原理图 3-3-1，请你完成以下几项工作任务：
（1）三相异步电动机的空载测试。
（2）三相异步电动机的短路测试。
（3）三相异步电动机的运行测试。

 完成工作任务指导

一、三相异步电动机的空载测试

1．工具与器材准备

安装工具及器材与任务三相同。

2．测试的方法与步骤

（1）三相异步电动机的装配与测试电路接线
三相异步电动机的装配及测试电路的接线与任务二相同。

（2）三相异步电动机的空载测试的方法与步骤

① 测试前首先把三相电源调至零位，然后接通电源，慢慢地调节三相交流可调电源使电机启动旋转，注意观察电机旋转的方向。调整电源相序，使电机旋转方向符合加载的要求。注意：调整相序时，必须切断电源。

② 接通电源，逐渐升高电压，启动电机，保持电机在额定电压时空载运行数分钟，使机械损耗达到稳定后再进行测试。

③ 调节电源电压由 1.2 倍额定电压开始逐渐降低电压，在这范围内读取空载电压、空载电流、空载功率。

④ 测量数据在额定电压附近多测量几个点，共读取 7 组数据，记录在表 3-3-6 中。

表 3-3-6　异步电动机的空载试验测试数据记录表　　测试条件：空载状态

序号	相电压（V）			线电压	线电流（A）				P_0（W）	$\cos\varphi_0$
	U_{OU}	U_{OV}	U_{OW}	U_{OL}	I_U	I_V	I_W	I_{OL}		
1										
2										
3										
4										
5										
6										
7										

计算公式：$U_{OL} = (U_U + U_V + U_W)\sqrt{3}/3$、$I_{OL} = (I_U + I_V + I_W)/3$

二、三相异步电动机的短路测试

1. 工具与器材准备

安装工具及器材与任务三相同。

2. 测试的方法与步骤

（1）三相异步电动机的装配与测试电路接线

三相异步电动机的装配及测试电路的接线与任务二相同。

（2）三相异步电动机的短路测试的方法与步骤

① 在接通电源前先把三相电源调至零位，启动电源，打开磁粉制动器控制电源，调节制动电流至 I_G=0.4A。

② 慢慢地调节三相交流可调电源使之逐渐升压至短路电流到 1.2 倍额定电流，然后逐渐降压至 0.8 倍额定电流为止。在这范围内读取短路电压、短路电流、短路功率共 4～5 组数据，记录在表 3-3-7 中。

注意：测试时控制调节电压大小，尽量在极短时间之内完成，因电流过大电机绕组内阻变化较大，长时间容易造成测试数据不精确。

表 3-3-7　异步电动机的短路试验测试数据记录表　　测试条件：短路状态 I_G=0.4A

序号	相电压（V）			线电压	线电流（A）				P_K（W）	$Cos\, \phi_K$
	U_{KU}	U_{KV}	U_{KW}	U_{KL}	I_U	I_V	I_W	I_{KL}		
1										
2										
3										
4										
5										

计算公式：$U_{KL} = (U_U + U_V + U_W)\sqrt{3}/3$、$I_{KL} = (I_U + I_V + I_W)/3$

三、三相异步电动机的运行测试

1. 工具与器材准备

安装工具及器材与任务三相同。

2. 测试的方法与步骤

（1）三相异步电动机的装配与测试电路接线

三相异步电动机的装配及测试电路的接线与任务二相同。

（2）三相异步电动机的运行测试的方法与步骤

① 调节电压 U_L=220V，并保持恒量。

② 调节制动器控制电位器 I_G，改变电动机的负载转矩 T_L，在电机初始电流 0～1.2 倍的额定电流变化范围内，读取记录异步电动机的定子电流、输入功率、转速和转矩等数值。

③ 将测试数据填写入表 3-3-8 中。

④ 分析负载变化对三相异步电动机的影响。

表 3-3-8　异步电动机的运行特性记录表　　测试条件：U_L=220V

线电流 I_L（A）	0						1.2I_N
机械转矩 T_L（N·m）							
转速 n（r/min）							
功率因数 $\cos\phi$							
输入功率 P_e（W）							
机械功率 P_L（W）							
效率 η							

计算公式：$P_L = n \cdot T_L / 9550$、$\eta = \dfrac{P_L}{P_e} \times 100\%$

【思考与练习】

1．你是否按"完成工作任务指导"中的方法与步骤完成三相异步电动机运行特性测试的工作任务？说说你自己的想法。

2．你能从三相异步电动机的空载、短路测试记录的数据中分别得出什么结论吗？

3．你能从三相异步电动机运行特性测试记录的数据中得出电动机的功率因数、效率的变化特点吗？

4．在完成三相异步电动机的各种测试过程中，你遇到过什么问题？你又是如何解决这些问题的？

5．请你填写完成三相异步电动机运行特性测试工作任务评价表（表3-3-9）。

表3-3-9　完成三相异步电动机机械特性测试工作任务评价表

序　号	评价内容		配　分	自我评价	老师评价
1	调节三相调压器的电压是否超出要求的范围		20		
2	操作时是否有一人操作、一人监护		10		
3	电动机空载时的电功率		10		
4	电动机短路时的电功率		10		
5	电动机额定负载运行时的电功率		10		
6	三相异步电动机运行特性测试的方法与步骤		30		
7	完成工作任务后，工位是否整洁		10		
合　计			100		

他励直流电动机装配与运行检测

使用直流电源的电动机，就叫作直流电动机。它具有较好的调速和启动性能，其调速范围广，速度变化平滑性好，启动转矩大。许多生产设备采用了直流电动机拖动，在计算机控制系统中也广泛地应用直流电动机。

通过完成他励直流电动机的装配、他励直流电动机机械特性和调压调速及调磁调速机械特性测试两项工作任务，了解他励直流电动机的结构，理解直流电动机的工作原理，掌握他励直流电动机的机械特性。学会他励直流电动机的装配，学会测试他励直流电动机的机械特性和调速特性的方法和步骤。

任务一　他励直流电动机的装配

工作任务

根据如图 4-1-1 所示的他励直流电动机装配图，请你在电机测试台上完成他励直流电动机的装配，并通过静态调整与动态调整，使电机装配满足如下要求：

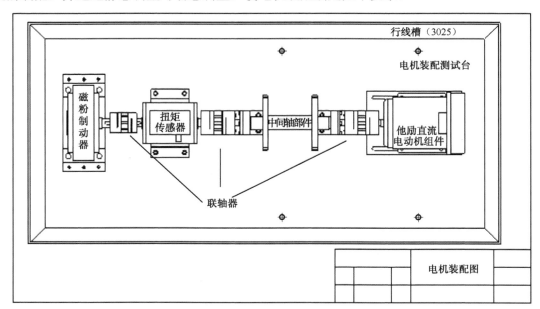

图 4-1-1　他励直流电动机装配图

（1）电机安装后要保证轴与轴中心线的同轴度。

（2）齿轮架及轴上的齿轮装配完应转动灵活、轻快。

（3）齿轮啮合要控制合理间隙，拨动齿轮时无异声，传动平稳。

（4）联轴器安装后，两边的端面离被安装的端面距离要合适。

（5）保证三相异步电动机运行时无发热、振动现象，运行噪声在正常范围内。

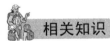 相关知识

一、他励直流电动机的结构

直流电动机按励磁绕组与电枢绕组的连接方式的不同可分为他励、并励、串励和复励直流电动机四种。YL-163A 型电机装配与运行检测实训装置所配置的直流电动机为他励直流电动机。他励直流电动机的基本结构主要由定子和转子两部分组成。他励直流电动机外形及其结构图如图 4-1-2 所示。

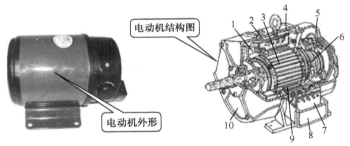

1—风扇；2—机座；3—电枢；4—主磁极；5—电刷装置；6—换向器；7—接线板；8—接线盒；9—换向磁极；10—端盖

图 4-1-2 他励直流电动机的结构

1. 定子部分

定子是指电动机固定的部分，主要由主磁极、换向磁极、电刷装置、轴承、机座、端盖等组成。

① 主磁极

主磁极是由主磁极铁芯和励磁绕组构成，其作用是产生主磁通。

② 换向磁极

换向磁极用以改善换向，减小电刷与换向器之间的火花。

③ 电刷装置

电刷装置是把直流电流引入转子的装置，它由电刷和电刷架构成。电刷装置一般装在端盖或轴承内盖上。

2. 转子部分

转子是指电动机可转动的部分，主要由电枢铁芯、电枢绕组和换向器等组成。其中，电

枢绕组与换向片相连,其作用是产生感应电动势和电磁转矩。换向器与电刷保持滑动接触,使旋转的电枢绕组与静止的外电路相通,以引入直流电。

二、他励直流电动机的工作原理

直流电动机的工作原理图如图 4-1-3 所示。

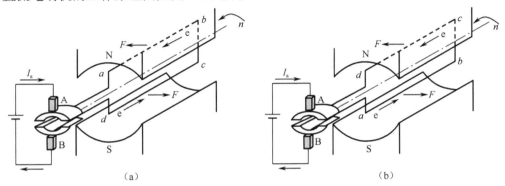

图 4-1-3 直流电动机原理图

当电刷 A、B 间加上直流电压后,直流电流从电刷 A 流入电枢绕组,从电刷 B 流出。电枢电流 I_a 与磁场相互作用产生电磁力 F,其方向可用左手定则确定,由电磁力形成的电磁转矩 T,使电动机的电枢沿逆时针方向旋转,如图 4-1-3(a)所示。

当电枢转到图 4-1-3(b)所示位置时,电流仍由电刷 A 流入电枢绕组,从电刷 B 流出。此时,导线 ab、cd 上的电流方向与图 4-1-3(a)中的方向相反,而电磁力和电磁转矩的方向仍然使电动机电枢沿逆时针方向旋转,因而维持电磁转矩的方向不变。

根据电磁作用的原理和电磁感应定律可知,电磁转矩 T 与电枢电流 I_a 及每极磁通 Φ 成正比;电枢感应电动势与电枢转速 n 及每极磁通 Φ 成正比。即

$$T = C_T \Phi I_a \, \text{、} \quad E_a = C_E \Phi n$$

直流电动机输出的机械功率 P 与转速 n 和转矩 T 间的关系为

$$T = 9.55 \frac{P}{n}$$

三、直流电动机铭牌

直流电动机铭牌如图 4-1-4 所示。

直流电动机			
型号	Z₂—12	励磁方式	他励
功率	4kW	励磁电压	220V
电压	220V	励磁电流	0.63A
电流	22.7A	工作方式	连续
转速	1500r/min	温 升	80℃
标准编号		出厂日期 年 月	

图 4-1-4 直流电动机铭牌

完成工作任务指导

一、准备工具与器材

1. 安装工具

内六角扳手、钢直尺、直角尺、游标卡尺、橡胶锤、铜套。

2. 器材

三相异步电动机、电动机支架、微型弹性联轴器、内六角螺栓、螺母、中间轴部件。

二、电动机装配的环境要求与安全要求

1. 装配工作的环境要求

① 电机装配前，应注意清洁零件的表面。
② 安装平台上不允许放置其他器件，保持整洁。
③ 在操作过程中，工具与器材不得乱摆。工作结束后，收拾好工具与器材，清扫卫生，保持工位的整洁。

2. 装配工作的安全要求

① 要正确使用安装工具，防止在操作中发生伤手的事故。
② 动态检测时，使用 DC 30～220V 直流电源，并遵守安全用电规程。

三、完成工作任务的方法与步骤

他励直流电动机装配的方法及步骤与三相异步电动机装配基本相同，所不同的地方是电机通用底板安装高度的尺寸不一样。他励直流电动机装配的方法与步骤如图 4-1-5 所示。

（a）整理安装平台

（b）安装中间轴（长轴）部件

图 4-1-5　他励直流电动机装配方法和步骤

（c）清洁零配件

（d）用内六角扳手安装底座

（e）用游标卡尺定位

（f）用内六角扳手安装电机通用底板

（g）检查轴与轴同轴度

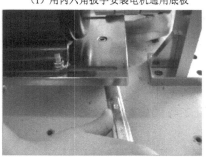

（h）用扳手紧固电动机座

（i）紧固联轴器和电动机座

（j）安装防护板

图 4-1-5　他励直流电动机装配方法和步骤（续）

安全提示：

安装好防护板后才能做动态测试，测试时必须使用两组 DC 30～220V 直流电源，并注意安全用电规程；静态测试时，必须在断开电源的情况下进行。

【思考与练习】

1. 你是否是按"完成工作任务指导"中的方法和步骤将他励直流电动机装配在安装平台上的？你能自己设计拆卸他励直流电动机的工艺步骤吗？请说出你的想法。

2. 他励直流电动机与中间轴部件连接用的联轴器与三相异步电动机连接用的联轴器会一样吗？你是如何紧固联轴器的？

3. 你在完成他励直流电动机装配工作任务的过程中，遇到过什么困难？你是如何解决这些困难的？

4. 他励直流电动机装配后做动态测试时，发现电动机的转速不稳定现象，请你分析产生这一现象的原因是什么？如何解决？

5. 电动机做动态测试时，发现电动机的转向不对，怎么办？

6. 请你填写完成他励直流电动机的装配工作任务评价表（表4-1-1）。

表4-1-1 完成他励直流电动机的装配工作任务评价表

序 号	评 价 内 容	配 分	自 我 评 价	老 师 评 价
1	零部件表面是否清洁过	5		
2	安装平台上是否有乱摆放东西现象	5		
3	安装过程是否符合规范要求	5		
4	部件安装次序位置是否正确	5		
5	他励直流电动机组件安装情况	5		
6	测量电机通用底板高度	5		
7	他励直流电动机型号	5		
8	扭矩传感器与中间轴部件的联轴器安装情况	10		
9	他励直流电动机转轴与中间轴部件的联轴器安装情况	10		
10	螺栓安装是否紧固	5		
11	安装完成后是否盖上防护板并固定好	5		
12	静态测试时是否正常	10		
13	动态测试时是否正常	10		
14	作业过程中是否符合安全操作规程	10		
15	完成工作任务后，工位是否整洁	5		
合 计		100		

任务二 他励直流电动机机械特性和调速特性测试

工作任务

在完成他励直流电动机装配任务后，进行电动机的测试。请你完成以下工作任务：

（1）根据图4-2-1所示的他励直流电动机测试电路图，完成测试电路的接线。

（2）机械特性的测试。根据测试电路原理图，调节励磁电压和电枢电压均为额定值，通过改变磁粉制动器制动电流，测试电动机的转速与转矩之间的关系。

（3）调压调速特性的测试。调节电枢电压，取若干数值。再次通过改变磁粉制动器制动电流，测试他励直流电动机的转速与转矩的关系。

（4）调磁调速特性的测试。调节励磁电压，取若干数值。再次通过改变磁粉制动器制动电流，测试他励直流电动机的转速与转矩的关系。

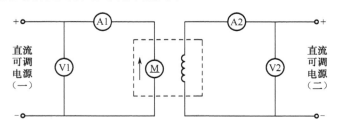

图 4-2-1　他励直流电动机测试电路图

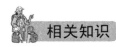

一、他励直流电动机的机械特性

1. 他励直流电动机的等效电路

图 4-2-2 为他励直流电动机等效电路，电枢绕组（左）与励磁绕组（右）分别由两个可调直流电源供电，励磁电流 I_f 不受电枢端电压的影响，仅取决于励磁电路的电源电压 U_f 和励磁绕组本身的电阻 R_f。

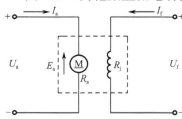

图 4-2-2　他励直流电动机等效电路

2. 机械特性

电动机的机械特性是指电动机在一定工作条件下转速与转矩之间的关系，即 $n = f(T)$。

由图 4-2-2 可知，加于电枢两端的电压 U_a 等于电枢电阻 R_a 的电压降 $I_a R_a$ 与反电动势 E_a 之和，即 $U = E_a + I_a R_a$。因为 $E_a = C_E \Phi n$，可推得 $n = \dfrac{U_a - I_a R_a}{C_E \Phi}$；又因为 $T = C_T \Phi I_a$，移项后将 I_a 代入，得

$$n = \frac{U_a}{C_E \Phi} - \frac{R_a}{C_E C_T \Phi^2} T$$

上式表明，在保持电源电压 U_a 及磁通 Φ 保持不变的情况下，电动机的转速 n 会随负载转矩 T_L 的增加而略有下降，这说明他励直流电动机具有较硬的机械特性。他励直流电动机机械特性曲线如图 4-2-3 所示。

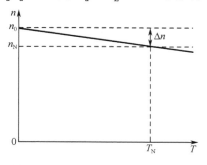

图 4-2-3　他励直流电动机机械特性

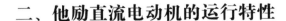
二、他励直流电动机的运行特性

1. 启动

在电动机启动的初始瞬间，$n=0$，$E_a = C_E \Phi n = 0$。这时的电枢启动电流为

$$I_{ast} = \frac{U_a - E_a}{R_a} = \frac{U_a}{R_a}$$

由于电枢绕组电阻 R_a 很小，所以，启动电流将达到额定电流的 10～20 倍，这是不允许的。同时，他励直流电动机的转矩正比于电枢电流 $T = C_T \Phi I_a$，电动机直接启动时的转矩也会很大，会产生机械冲击，使传动机构遭受损坏。为此，要限制启动电流。降低启动电流，可采用直接降低电枢电压或在电枢电路中串接启动电阻 R_{Pst} 的办法，这时电枢中的启动电流初始值为

$$I_{st} = \frac{U_a}{R_a + R_{Pst}} = (1.5～2.5)I_{aN}$$

一般限制启动电流不超过额定电流的 1.5～2.5 倍。

直流电动机在启动或运行时，励磁电路一定要保持接通，不能让它断开。否则，当 $I_f = 0$ 时磁路中只有很小的剩磁，就可能发生以下事故：

① 如果电动机是静止的，由于转矩很小，它将不能启动，$E_a = C_E \Phi n = 0$。电枢电流很大，电枢绕组有被烧坏的可能。

② 如果电动机在有载运行时断开励磁电路，$E_a = C_E \Phi n$ 立即为零而使电枢电流增大，同时由于所产生的转矩不能满足负载的需要，电动机必将减速而停转，更加促使电枢电流的增大，以致烧毁电枢绕组和换向器。

③ 如果电动机在空载运行断开励磁电路，它的转速上升到很高的值（俗称"飞车"），使电机遭受严重的机械损伤，同样因电枢电流过大而将绕组烧坏。

2. 反转

如果要改变直流电动机的转动方向，必须改变电磁转矩的方向。要么在磁场方向固定的情况下，改变电枢电流的方向；要么在电枢电流方向不变的情况下，改变励磁电流的方向同样可以达到反转的目的。

3. 调速特性

由推得的公式

$$n = \frac{U_a - I_a R_a}{C_E \Phi}$$

可以知道，直流电动机的转速 n 与 U_a、I_a、Φ 有关。因此，改变电源电压、电枢电流或励磁电流，都可在同一负载转矩下获得不同的转速。通常用改变电源电压或改变磁通这两种方法达到改变他励直流电动机转速的目的。

（1）调压调速特性

当励磁电流保持恒定并等于额定值时，根据公式

$$n = \frac{U}{C_E\Phi} - \frac{R_a}{C_E C_T \Phi^2}T = n_0 - \Delta n$$

不难看出，当降低电枢电压时，理想空载转速 n_0 变小，速度降 Δn 不变，速度差变小。因此，改变电源电压可得出一簇平行的机械特性曲线，如图 4-2-4（a）所示。通常只能在额定电压下进行调节，电源电压降低，电机转速也随之降低。这种调速方法常用于恒转矩负载，如起重设备。

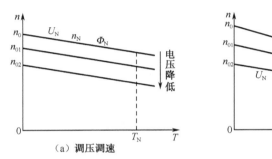

图 4-2-4　他励直流电动机调速特性

（2）调磁调速特性

当电源电压 U_a 保持恒定并等于额定值时，根据公式

$$n = \frac{U}{C_E\Phi} - \frac{R_a}{C_E C_T \Phi^2}T = n_0 - \Delta n$$

不难看出，当磁通 Φ 减小时，理想空载转速 n_0 升高，转速降 Δn 也增大；但后者与 Φ^2 成反比，所以磁通越小，机械特性曲线也就越陡，但仍然具有一定的硬度。在一定负载下，Φ 越小，n 则越高。调磁调速特性如图 4-2-4（b）所示。

由于电动机在额定状态运行时，其磁路已接近饱和，所以通常只是减小磁通，将转速往上调，但最高转速不得超过额定转速的 1.2 倍。在此时，若负载转矩不变，则输出的机械功率将超过额定值，它将导致电动机的电枢电流超过额定值，电机发热严重，这是不允许的。为此，在弱磁升速时，为使电机的功率不超过额定值，必须人为地降低负载转矩，使调速在恒功率条件下进行。这种调磁调速方法常应用于切削机床。

 完成工作任务指导

一、他励直流电动机机械特性的测试

1. 工具与器材准备

安装工具：螺丝刀、剥线钳、压线钳、斜口钳、万用表等。

器材：两组可调 30～220V 直流电源、他励直流电动机、磁粉制动器、扭矩传感器、仪

表盘、插接导线、1.0mm² 红色多股软导线、1.0mm 黄绿双色 BVR 导线、冷压接头 SVϕ1.5-4。

2. 测试的方法与步骤

（1）他励直流电动机的装配

他励直流电动机的装配与任务一相同。

（2）他励直流电动机机械特性测试电路接线

根据如图 4-2-1 所示的他励直流电动机机械特性测试原理图进行电路连接。将电枢绕组接至 DC 30～220V 直流可调电源（一），励磁绕组接至 DC 30～220V 直流可调电源（二）。直流可调电源（一）位于电源控制单元模块左侧；直流可调电源（二）位于电源控制单元模块右侧，如图 4-2-5 所示。

注意：连接电路时，必须确定实训台总电源开关是断开的才能进行接线。

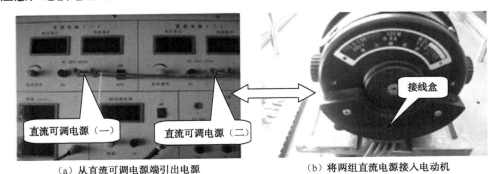

（a）从直流可调电源端引出电源　　　　（b）将两组直流电源接入电动机

图 4-2-5　测试电路连接

（3）他励直流电动机机械特性的测试

测试的方法与步骤如下：

① 通电前先把两组可调直流电源的调节电位器逆时针旋到底。

② 先接通励磁绕组电源，即直流可调电源（二），并调整至 $U_f=U_{fN}=220V$。

③ 再接通电枢绕组电源，即直流可调电源（一），并逐渐调整至 $U_a=U_{aN}=220V$。

④ 他励直流电机启动后，接通制动器电源并逐渐加大制动器电流 I_G，以改变机械转矩 T_L，测定对应的转速 n，即可得到额定电压时的机械特性 $n=f(T_L)$。

⑤ 记录测量数据并填写在表 4-2-1 中。

⑥ 测试完毕后，先调节制动器电流为零并断开制动器电源，然后再断开实训台总开关，最后将直流可调电源（一）、（二）调节至零位。

⑦ 整理实训台。

表 4-2-1　他励直流电机的机械特性数据记录表　　　**测试条件：** U_a=220V、U_f=220V

制动器电流 I_G（A）	0				
电枢电流 I_a（A）					I_{aN}
机械转矩 T_L（N·m）					
转速 n（r/min）					

（4）绘制他励直流电动机机械特性曲线

根据表 4-2-1 所示的测试数据，在以 T_L 为横轴、以 n 为纵轴的坐标纸上，画出机械特性曲线 $n = f(T_L)$，如图 4-2-6 所示。

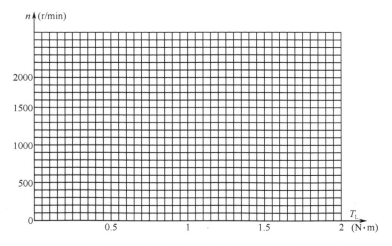

图 4-2-6　他励直流电动机机械特性曲线

二、他励直流电动机调压机械特性的测试

他励直流电动机调压机械特性的测试方法与步骤同电源电压额定值下的机械特性测试相同。因此，在完成他励直流电动机额定工作电压下的机械特性测试任务的基础上，逐次改变电枢电压，分别调节为 220V、200V、180V、160V 等并保持恒定，重做上述测试。将测试数据填入表 4-2-2 中，并画出不同工作电压下的机械特性曲线，如图 4-2-6 所示。

表 4-2-2　他励直流电机的调压机械特性数据记录表　　测试条件：$U_a=$____V、$U_f=$220V

制动器电流 I_G（A）	0							
电枢电流 I_a（A）								I_{aN}
机械转矩 T_L（N·m）								
转速 n（r/min）								

三、他励直流电动机调磁机械特性的测试

他励直流电动机调磁机械特性的测试法与步骤如下：

① 通电前先把两组可调直流电源的调节电位器逆时针旋到底。

② 先接通励磁绕组电源，即直流可调电源（二），并调整至 $U_f=U_{fN}=220$V。

③ 再接通电枢绕组电源，即直流可调电源（一），并逐渐调整至 $U_a=U_{aN}=220$V。

④ 他励直流电机启动后，接通制动器电源并逐渐加大制动器电流 I_G，以改变机械转矩 T_L，测定对应的转速 n，即可得到额定电压时的机械特性 $n=f(T_L)$。

⑤ 在恒定电枢电压的条件下，调节励磁电流（只能减小），在某一固定值时，改变负载转矩，测得电动机转速的变化，即为一簇机械特性曲线。将测量数据填写在表 4-2-3 中。

⑥ 测试完毕后，先调节制器电流为零并断开制动器电源后再断开实训台总开关，然后将直流可调电源（一）、（二）调节至零位。

⑦ 整理实训台。

⑧ 绘制调磁机械特性曲线，如图 4-2-6 所示。

表 4-2-3　他励直流电机的调磁机械特性数据记录表　　　测试条件：U_a =220V、U_f =____V

制动器电流 I_G（A）	0					
电枢电流 I_a（A）						I_{aN}
机械转矩 T_L（N·m）						
转速 n（r/min）						

安全提示：

完成本次工作任务全过程，需要在带电情况下进行，所以应注意安全用电规程。在测试过程中始终不能断开与励磁绕组连接的直流可调电源（二），以防止堵转或飞车现象发生。测试开始应先接通直流可调电源（二），再调节直流可调电源（一）。电枢绕组和励磁绕组由直流可调电源（一）、（二）调压输出供给。因此，输出电压最高不能超过额定值 220V。另外，工作任务结束后，必须在确保断开总电源开关后才能进行拆卸电路和设备。

【思考与练习】

1. 你是否按"完成工作任务指导"中的方法与步骤完成他励直流电动机机械特性和调速特性测试工作任务？说说你自己的想法。

2. 测试他励直流电动机的调压调速机械特性时，将不同工作电压下的机械特性曲线画在同一坐标，试比较它们有什么特点？

3. 测试他励直流电动机的调磁调速机械特性时，将不同励磁电压下的机械特性曲线画在同一坐标，试比较它们有什么特点？

4. 在测试他励直流电动机额定电压下的机械特性时，调节制动器制动电流 I_G，使得电动机转速达到额定值，从仪表盘上读出此时转矩值、电枢电流值。试计算此时他励直流电动机的效率。

5. 测量他励直流电动机电枢绕组的电阻值，如果要求电动机启动电流控制在额定电流值的 1.5～2.5 倍，那么启动电压必须控制在什么范围内？

6. 在电枢电压与励磁电压为额定值并保持恒量的条件下，电动机的转速 n、机械转矩 T_L 与电枢电流 I_a 之间的关系称为直流电动机的工作特性。根据表 4-2-1 所示的测量数据，请你画出 $n=f(I_a)$、$T_L=f(I_a)$ 工作特性曲线，如图 4-2-7 所示。

7. 在机械转矩 T_L 为恒量的条件下，电动机的转速 n 与电枢电压 U_a 之间的关系称为直流电动机的调节特性 $n=f(U_a)$。请你仿照机械特性测试方法与步骤完成调节特性的测试，并将测量数据填入表 4-2-4 中，并画出 $n=f(U_a)$ 调节特性曲线，如图 4-2-8 所示。

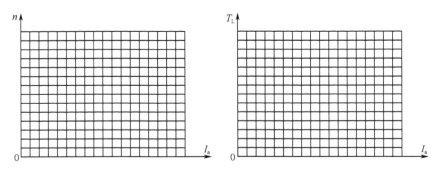

图 4-2-7 他励直流电动机的工作特性

表 4-2-4 他励直流电机的调节特性数据记录表 **测试条件：** I_G=0.2A、U_f =220V

电枢电压 U_a（V）	220							50
转速（r/min）								
电枢电流（A）								

8．在恒定电枢电压的条件下，电动机的转速 n 与励磁电流 I_f 之间的关系称为调磁调速特性 $n=f(I_f)$。请你完成测试任务，将测量数据填入表 4-2-5 中，并画出调磁调速特性曲线，如图 4-2-9 所示。

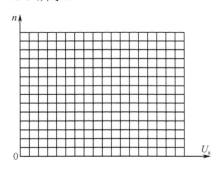

图 4-2-8 他励直流电动机的调节特性

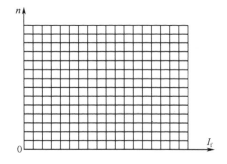

图 4-2-9 他励直流电动机的调磁调速特性

表 4-2-5 他励直流电机的调磁调速特性数据记录表 **测试条件：** U_a=220V、I_a=0.9A

励磁电压 U_f（V）	220	200	180	160	140	120	100	80
励磁电流 I_f（A）								
转速（r/min）								
机械转矩 T_L（N·m）								

9．请你填写完成他励直流电动机机械特性和调速特性测试工作任务评价表（表 4-2-6）。

表 4-2-6 完成他励直流电动机机械特性和调速特性测试工作任务评价表

序 号	评价内容	配 分	自我评价	老师评价
1	测试过程中是否出现飞车现象	10		
2	电枢绕组电阻	10		

续表

序　号	评价内容		配　分	自我评价	老师评价
3	励磁绕组电阻		10		
4	比较调压下机械特性曲线，你的结论是什么		30		
5	比较调磁下机械特性曲线，你的结论是什么		30		
6	完成工作任务后，工位是否整洁		10		
	合　计		100		

无刷直流电动机装配与运行检测

无刷直流电动机是随着先进的电子技术发展起来的一种新型直流电机，它是现代工业设备中重要的拖动部件。无刷直流电机以电磁感应定律为基础，结合先进的电力电子技术、数字电子技术，具有很强的生命力。无刷直流电机没有换向火花，寿命长，运行可靠，维护也方便。

通过完成无刷直流电动机的装配、无刷直流电动机的运行检测这两项工作任务，了解无刷直流电动机的基本结构和工作原理，学会无刷直流电动机的装配，学会无刷直流电动机驱动器的工作原理和使用方法、无刷直流电动机的运行检测技术。

任务一　无刷直流电动机的装配

工作任务

根据如图 5-1-1 所示的无刷直流电动机装配图，请你在电机测试台上完成无刷直流电动机的装配，并通过静态调整与动态调整，使电机装配满足如下要求：

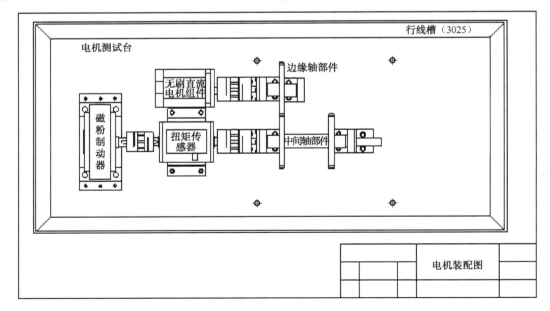

图 5-1-1　无刷直流电动机装配图

（1）电机安装后要保证轴与轴中心线的同轴度。

（2）齿轮架及轴上的齿轮装配完应转动灵活、轻快。

（3）齿轮啮合要控制合理间隙，拨动齿轮时无异声，传动平稳。

（4）联轴器安装后，两边的端面离被安装的端面距离要合适。

（5）保证三相异步电动机运行时无发热、振动现象，运行噪声在正常范围内。

相关知识

一、无刷直流电动机的结构

无刷直流电动机的基本结构由定子、转子、位置传感器和电子换相电路等部分组成的。

1. 定子

定子是由铁心、电枢绕组等组成的。定子绕组是电机的一个最重要部件，当电机接上电源后，电流流入绕组，产生磁场，与转子相互作用而产生电磁转矩。

2. 转子

转子是由永磁体、导磁体和支撑部件等组成的。永磁体和导磁体是产生磁场的核心。

3. 位置传感器

位置传感器是用来检测转子磁极的位置，是实现无接触换向的一个极其重要的部件。为逻辑开关电路提供正确的换相信息，即将转子磁极的位置信号转换成电信号，然后去控制定子绕组换相。

位置传感器的种类很多，目前在无刷直流电机中常用的位置传感器有电磁式位置传感器、光电式位置传感器、磁敏式位置传感器等。其中磁敏式位置传感器以霍尔效应为原理，通过霍尔元件在电机的每一个电周期内产生所要求的开关状态，完成电动机的一个换向过程。

4. 电子换相电路

无刷直流电动机的电子换相电路如图 5-1-2 所示。

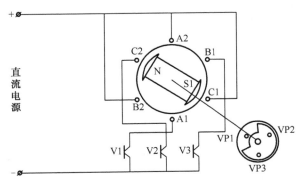

图 5-1-2　无刷直流电动机电子换相电路

电子换相电路就是将位置传感器的输出信号进行解调、功率放大，然后去触发末级功率晶体管，使电枢绕组按一定的逻辑程序通电，保证电动机的可靠运行。

二、无刷直流电动机的工作原理

在无刷直流电动机中，借助位置传感器的输出信号，通过电子换相电路去驱动与电枢绕组连接的功率开关器件，使电枢绕组依次馈电，从而在定子上产生跳跃式的旋转磁场，驱动永磁转子旋转。随着转子的转动，位置传感器会不断地送出信号，以改变电枢绕组的通电状态，使得在某一磁极下导体中的电流方向始终保持不变。

通过改变逆变器开关管的逻辑关系，使电枢绕组各相导通顺序变化来实现无刷直流电动机的正反转。

三、森创 92BL 系列无刷直流电动机

1. 无刷直流电动机外形

森创 92BL 系列无刷直流电动机的外形如图 5-1-3 所示。

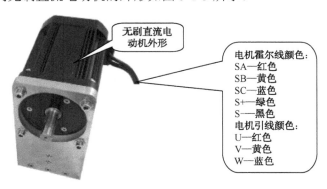

图 5-1-3　无刷直流电动机的外形

2. 主要技术数据

92BL 系列无刷直流电动机的主要技术数据见表 5-1-1。

表 5-1-1　无刷直流电动机的主要技术数据

规格型号	额定功率	额定电压	额定转速	额定转矩	最大转矩	定位转矩	额定电流	最大电流	极对数	重量
	W	V	r/min	N·m	N·m	N·m	A	A		kg
92BL-5015H1-LK-B	500	220 AC	1500	3.2	6.4	0.09	2.04	4.08	5	5.0

3. 无刷直流电动机型号

无刷直流电动机型号 92BL-5015H1 的含义如图 5-1-4 所示。

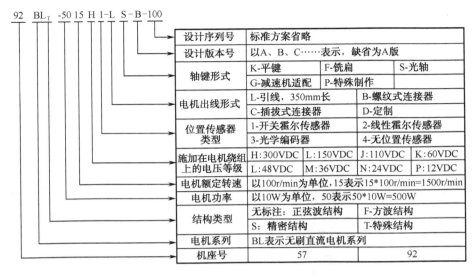

92 BL_T -50 15 H 1-L S-B-100

设计序列号	标准方案省略		
设计版本号	以A、B、C……表示，缺省为A版		
轴键形式	K-平键	F-铣扁	S-光轴
	G-减速机适配	P-特殊制作	
电机出线形式	L-引线，350mm长	B-螺纹式连接器	
	C-插拔式连接器	D-定制	
位置传感器类型	1-开关霍尔传感器	2-线性霍尔传感器	
	3-光学编码器	4-无位置传感器	
施加在电机绕组上的电压等级	H:300VDC L:150VDC J:110VDC K:60VDC		
	L:48VDC M:36VDC N:24VDC P:12VDC		
电机额定转速	以100r/min为单位，15表示15*100r/min=1500r/min		
电机功率	以10W为单位，50表示50*10W=500W		
结构类型	无标注：正弦波结构	F-方波结构	
	S：精密结构	T-特殊结构	
电机系列	BL表示无刷直流电机系列		
机座号	57	92	

图 5-1-4 无刷直流电动机型号含义

完成工作任务指导

一、准备工具与器材

1. 安装工具

安装工具：内六角扳手、钢直尺、直角尺、游标卡尺、橡胶锤、铜套。

2. 器材

无刷直流电动机、电动机支架、微型弹性联轴器、内六角螺栓、螺母、中间轴部件、边缘轴部件。

二、电动机装配的环境要求与安全要求

1. 装配工作的环境要求

① 电机装配前，应注意清洁零件的表面。
② 安装平台上不允许放置其他器件、保持整洁。
③ 在操作过程中，工具与器材不得乱摆。工作结束后，收拾好工具与器材，清扫卫生，保持工位的整洁。

2. 装配工作的安全要求

① 要正确使用安装工具，防止在操作中发生伤手的事故。

② 动态检测时，请遵守安全用电规程。

三、完成工作任务的方法与步骤

无刷直流电动机装配的方法与步骤如图 5-1-5 所示。

（a）整理安装平台

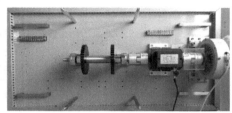

（b）安装中间轴（长轴）部件

（c）安装边缘轴部件

（d）安装联轴器

（e）用内六角扳手紧固电机座

（f）安装防护板

图 5-1-5　无刷直流电动机装配方法和步骤

安全提示：

安装好防护板后才能做动态测试，测试时必须注意安全用电规程；静态测试时，必须在断开电源的情况下进行。

【思考与练习】

1. 你觉得按"完成工作任务指导"中的方法和步骤完成无刷直流电动机的装配工作任务合理吗？请说出你的看法。

2. 你在完成安装无刷直流电动机的工作任务中是否遇到过什么困难？你是如何克服的？

3. 静态和动态测试分别需要测试哪些内容？

4．请你填写完成无刷直流电动机的装配工作任务评价表（表 5-1-2）。

表 5-1-2　完成无刷直流电动机的装配工作任务评价表

序　号	评 价 内 容	配　　分	自 我 评 价	老 师 评 价
1	零部件表面是否清洁过	5		
2	安装平台上是否有乱摆放东西现象	5		
3	安装过程是否符合规范要求	5		
4	部件安装次序位置是否正确	5		
5	边缘轴部件安装情况	5		
6	无刷直流电动机绕组电阻	5		
7	无刷直流电动机型号	5		
8	扭矩传感器与中间轴部件的联轴器安装情况	10		
9	边缘轴部件与中间轴部件的齿轮副啮合情况	10		
10	螺栓安装是否紧固	10		
11	安装完成后是否盖上防护板并固定好	5		
12	静态测试时是否正常	10		
13	动态测试是否正常	10		
14	作业过程中是否符合安全操作规程	5		
15	完成工作任务后，工位是否整洁	5		
合　　计		100		

任务二　无刷直流电动机的运行检测

工作任务

在任务一中，我们完成了无刷直流电动机的装配，如图 5-1-5 所示。现在通过触摸屏上的点动按钮改变无刷直流电动机的运行方向和多段速度的选择，测试无刷直流电动机转速与电压、负载转矩之间的关系。测试用电气原理图如图 5-2-1 所示。

触摸屏画面如图 5-2-2 所示。触摸屏上的 速度 1 到 速度 4 按钮对应预先设置好（CH1～CH3 的组合）的一个速度。

启动无刷电机前，应先按下速度按钮，再按下 正转启动 按钮，电机将按选定的速度正转运行。此时，按下其他速度按钮或反转启动按钮均无效。只有在按下 停止 按钮，无刷电机停止转动时才能再次选择其他速度和运行方向。

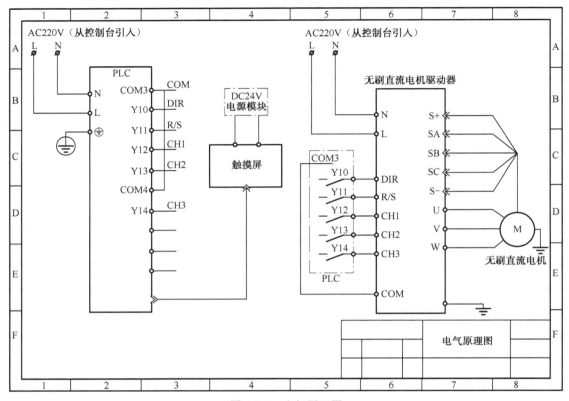

图 5-2-1　电气原理图

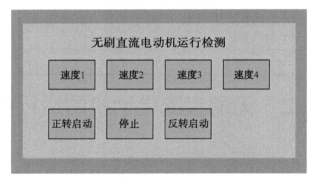

图 5-2-2　触摸屏画面

请你按要求完成下列任务：

（1）根据电气原理图正确选择相应元器件，按图 5-2-3 所示的电器元件布置图排列并紧固安装。

（2）根据电气原理图，按接线工艺规范要求连接好电路。

（3）根据控制要求编写 PLC 程序、触摸屏程序。

（4）根据要求进行通信连接下载程序，调试设备达到控制要求。

（5）测试无刷直流电动机转速与工作电压之间的关系。

（6）测试无刷直流电动机转速与转矩之间的关系。

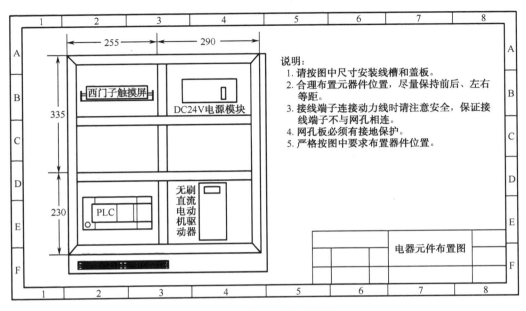

图 5-2-3 电器元件布置图

 相关知识

一、无刷直流电动机 BL-2203C 驱动器

1. 驱动器面板功能

无刷直流电动机驱动器的面板如图 5-2-4 所示，面板各端子功能详细说明见表 5-2-1。

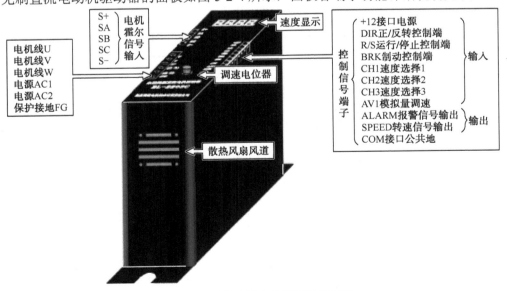

图 5-2-4 无刷直流电动机驱动器面板

表 5-2-1　无刷直流电动机驱动器面板各端子功能说明

端 子 标 记		端 子 定 义
功率端子	AC1、AC2	驱动器交流电源输入端子。注：接入端子的引线必须使用 U 型插头
	U、V、W	与电机连接。务必将驱动器的 U、V、W 端子与电机的 U、V、W 对应连接。错误的接线将导致电机工作异常。电机线原则上不超过 6m，电机线要与霍尔线分开布线。注：接入端子的引线必须使用 U 型插头
	FG	驱动器保护地端子。驱动器保护地端子与电机机壳不必连接，为安全起见，请务必将驱动器保护地端子与电机机壳分别可靠接地。注：接入端子的引线必须使用 U 型插头
霍尔端子	S+、S−、SA、SB、SC	电机霍尔位置传感器信号端子。务必将驱动器的 S+、S−、SA、SB、SC 端子与电机的 S+、S−、SA、SB、SC 对应连接。错误的接线将导致电机工作异常，甚至损坏驱动器和电机。电机霍尔线原则上不超过 6m，且应使用屏蔽线，要尽量注意与电机线分开布线，且远离干扰源。若霍尔线未接，电机不运行。注：S+、S− 只作为霍尔元件电源，用户不得作为它用
信号输入	+12−COM	外接口电源，外部调速电位器电源端子。负载小于 50mA
	AV1	外部模拟量调速端子。标准产品中调节范围 0～10V 对应 0～3000 转
	DIR	电机正/反转控制端子
	R/S	电机运行/停止控制端子（不接时默认为不转）
	CH1～CH3	多段速度选择端子：由 CH1～CH3 相对 COM 的状态选择不同的速度
	BRK	制动控制端
输出	ALARM	驱动器故障信号输出端子：出现故障停机时 ALARM 与 COM 由内部光耦接通
	SPEED	驱动器速度信号输出端子：光耦输出测速脉冲

2. 驱动器性能

永磁 BL-2203C 型无刷直流电动机驱动器的性能见表 5-2-2。

表 5-2-2　驱动器性能（环境温度 T_j=25℃时）

电 气 性 能	
供电电源	单相 220VAC（±15%），50Hz，容量 0.8kVA
额定功率	最大 600W（依所配电机而定）
额定转速	依所选电机确定（8000r/min max）
额定转矩	依所选电机确定
调速范围	150r/min～额定转速
速度变动率对负荷	±2%以下（额定转速）
速度变动率对电压	±1%（电源电压±10%，额定转速无负载）
速度变动率对温度	±2%（25℃～40℃额定转速无负载）
绝缘电阻	在常温常压下>100MΩ
绝缘强度	在常温常压下 1kV，1min

3. 驱动器特点

无刷直流电动机驱动器具有以下几个特点：

（1）内部电位器调速

逆时针旋转驱动器面板上的电位器，电机转速减小，顺时针则转速增大；由于测速需要响应时间，速度显示会滞后。<u>用户使用其他两种速度控制方式时必须将此电位器设于最小状态。</u>

（2）外部模拟量调速

将外接电位器的两个固定端分别接于驱动器的"+12"和"COM"端上，将调节端接于"AV1"上即可使用外接电位器调速；也可以通过其他的控制单元（如 PLC、单片机等）输入模拟电平信号到"AV1"端实现调速（相对于 COM），"AV1"的接收范围为 DC 0V～10V，对应电机转速为 0～3000 转/分，端子内接电阻 200kΩ 到 COM 端，因此悬空不接将被解释为 0 输入。端子内也含有简单的 RC 滤波电路，因此可以接受 PWM 信号进行调速控制。

（3）多档速度选择

通过控制驱动器上的 CH1～CH3 三个端子的组合，可以选择内部预先设定的几种速度。端子信号组合情况见表 5-2-3。

表 5-2-3　端子信号组合状态表

CH1　CH2　CH3	转速（r/min）	CH1　CH2　CH3	转速（r/min）
0　　0　　0	3500	1　　0　　0	1500
0　　0　　1	3000	1　　0　　1	1000
0　　1　　0	2500	1　　1　　0	500
0　　1　　1	2000	1　　1　　1	0
说明：0 表示端子接通，低电平有效；1 表示端子断开，高电平无效			

表中的速度仅供参考，实际运行速度受用户系统影响可能会有偏差，但一般误差小于±10 转（由于负载变化导致的速度波动除外）。<u>在使用其他调速方式时请不要接线。</u>

（4）起停及转向控制

① 起停控制

通过控制端子"R/S"相对于"COM"的通、断可以控制电机的运行和停止，端子"R/S"内部以电阻上拉到+12V，可以配合无源触点开关使用，也可以配合集电极开路的 PLC 等控制单元。当"R/S"与端子"COM"断开时电机停止；反之电动机运行。使用运行/停止端控制电机停止时，电机为自然停车，其运行规律与负载惯性有关。

② 转向控制

通过控制端子"DIR"与端子"COM"的通、断可以控制电机的运转方向。端子"DIR"内部以电阻上拉到+12V，可以配合无源触点开关使用，也可以配合集电极开路的 PLC 等控制单元。当"DIR"与端子"COM"不接通时电机顺时针方向运行（面对电机轴）；反之则逆时针方向运转。为避免驱动器的损坏，在改变电机转向时应先使电机停止运动后再操作改变转向，<u>避免在电机运行时进行运转方向控制。</u>

除了以上特点外，驱动器是 220V 交流供电，有测速信号输出、过流过压过载及堵转保护、电机转速显示、外部模拟量调节、故障报警输出、快速制动等特点。

二、驱动器的接线图

永磁 BL-2023C 型无刷直流电动机驱动器的接线如图 5-2-5 所示。因本驱动器为 220V 交流电源输入，为确保安全，在通电前必须将接地端子（FG）可靠地与大地连接，任何情况下请不要打开机壳避免意外的损伤！

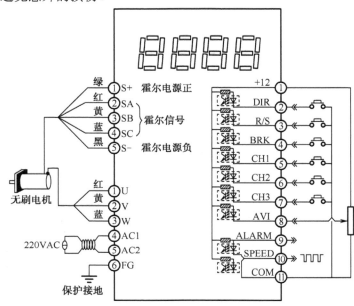

图 5-2-5　驱动器的接线图

完成工作任务指导

一、控制电路的安装

在 YL-163A 型电机装配与运行检测实训装置中的多网孔板上完成控制电路的安装。完成控制电路的安装任务的方法和步骤如下：

1. 工具耗材准备

工业线槽、$1.0mm^2$ 红色和蓝色多股软导线、1.0mm 黄绿双色 BVR 导线、$0.75mm^2$ 黑色和蓝色多股导线、冷压接头 SVϕ1.5-4、缠绕带、捆扎带、螺丝刀、剥线钳、压线钳、斜口钳、万用表等。

2. 元器件的选择与检测

根据控制电路原理图，本次控制电路的安装与调试任务所需要的元器件有：三菱可编程控制器 FX3U-32M、西门子触摸屏、DC 24V 电源模块、无刷直流电动机、无刷直流电动机驱动器、单相 220V 电源、扭矩传感器、磁粉制动器。

对以上所列的所有器件进行型号、外观、质量等方面的检测。

3. 线槽和元器件的安装

线槽安装方法与项目一任务二中图 1-2-2 所示的相同。将已检测好的元器件按图 5-2-3 所示的位置进行排列，并安装固定，如图 5-2-6 所示。

4. 连接控制电路板上的线路

根据测试用电气控制原理图，按接线工艺规范的要求完成：

（1）主电源与 DC 24V 电源模块、PLC、驱动器之间连接电路的接线。

（2）PLC 输出端子（Y）与驱动器输入端子连接电路的接线。

（3）驱动器与无刷直流电动机连接电路的接线。

（4）连接驱动器的霍尔信号线。

（5）DC 24V 开关电源与触摸屏电路连接。

整理好导线并将线槽盖板盖好。连接好的线路如图 5-2-7 所示。接线工艺规范要求：

◇　连接导线选用正确、电路各连接点连接可靠、牢固、不压皮不露铜。

◇　进接线排的导线都需要套好号码管并编号。

◇　同一接线端子的连接导线最多不能超过 2 根。

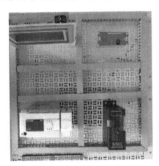

图 5-2-6　元器件的安装

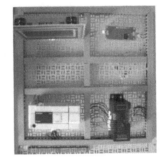

图 5-2-7　控制电路的接线

在编写触摸屏、PLC 控制程序之前，先对接好的电路板进行电气检测。

二、触摸屏程序的编写

1. 定义按钮的变量

根据如图 5-2-2 所示的触摸屏控制画面，画面上共有 7 个按钮，包含速度选择按钮 速度 1 至 速度 4 ，运行选择按钮 正转启动 和 反转启动 ，控制电动机停止的 停止 按钮。根据控制要求，设置各个按钮的变量见表 5-2-4。

表5-2-4　定义按钮变量

序号	按钮名称	变量	内部变量	序号	按钮名称	变量	内部变量
1	停止	M0	—	5	速度4	M4	内部变量-11
2	速度1	M1	内部变量-8	6	正转启动	M5	内部变量-12
3	速度2	M2	内部变量-9	7	反转启动	M6	内部变量-13
4	速度3	M3	内部变量-10				

2. 建立变量表

在选择好通信驱动程序 Mitsubishi Fx 后，建立变量表，见表5-2-5。

表5-2-5　变量表

名称	连接	数据类型	地址	注释
变量_1	连接_1	Bit	M0	停止按钮
变量_2	连接_1	Bit	M1	速度1
变量_3	连接_1	Bit	M2	速度2
变量_4	连接_1	Bit	M3	速度3
变量_5	连接_1	Bit	M4	速度4
变量_6	连接_1	Bit	M5	正转
变量_7	连接_1	Bit	M6	反转
变量_8	<内部变量>	Bool	<没有地址>	速度1按钮动画标志
变量_9	<内部变量>	Bool	<没有地址>	速度2按钮动画标志
变量_10	<内部变量>	Bool	<没有地址>	速度3按钮动画标志
变量_11	<内部变量>	Bool	<没有地址>	速度4按钮动画标志
变量_12	<内部变量>	Bool	<没有地址>	正转按钮动画标志
变量_13	<内部变量>	Bool	<没有地址>	反转按钮动画标志
变量_14	<内部变量>	Bool	<没有地址>	起动按钮动作标志

3. 设置按钮组态

设置按钮组态主要包括常规、属性、动画、事件等内容，设置方法及步骤与项目二任务三的相同，这里不再复述。

三、PLC 控制程序的编写

1. 分析控制要求，画出自动控制的工作流程图

分析控制要求不难发现，工作过程可分为速度选择、启动及停止状态，停止状态也就是初始状态。电动机运行后速度和方向不能切换的要求由触摸屏来设定，与 PLC 无关。工作流程图如图 5-2-8 所示。

2. 编写 PLC 控制程序

根据所画出的流程图的特点，确定编程思路。本次任务要求的工作过程是在选择速度按

钮后，按下正转或反转启动按钮，电动机将以相应的速度和方向运行。根据这一特点，我们把速度选择编辑在步进指令外，同时按表 5-2-3 所示的端子组合来确定多段速度的分配。步进指令梯形图程序如图 5-2-9 所示。

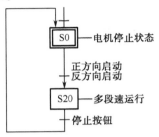

图 5-2-8　工作流程图

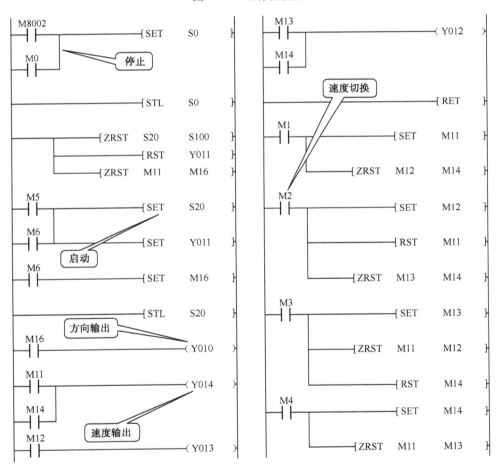

图 5-2-9　步进指令梯形图程序

四、调试控制电路

检查电路正确无误后，将设备电源控制单元的单相 220V 电源连接到控制电路板端子排上。接通电源总开关，按下电源启动按钮，连接通信线，下载触摸屏、PLC 程序。

按照工作任务描述按下触摸屏上的速度按钮、正转（或反转）启动按钮，检查电动机是否以相对应的速度运行；此时按下其他速度按钮和方向按钮，检查电动机的运行情况是否会变化。

五、无刷直流电动机的运行检测

按照任务一的方法和步骤在电机测试平台上装配无刷直流电动机。完成调试任务后进行运行检测。

1. 测试无刷直流电动机转速与工作电压的关系

测试的方法与步骤如下：

① 闭合实训台的电源总开关，连接好 PLC 与触摸屏的通信线。

② 选择触摸屏上的 速度 1 按钮，按下 正转启动 按钮，无刷直流电动机启动，待电动机速度稳定后，测量电动机 U—V 间的电压值。测量后按下停止按钮，让电动机停止运行。

③ 继续选择 速度 2 至 速度 4 按钮，逐次测量电动机的工作电压值。

④ 记录测量的数据，并填写在表 5-2-6 中。

⑤ 测试任务完成后，关闭实训台的总电源开关，整理实训台。

⑥ 绘制无刷直流电动机的转速 n 随工作电压 U 变化的关系曲线 $n=f(U)$，如图 5-2-10 所示。

表 5-2-6　无刷直流电机转速—电压关系测试数据表　　测试条件：空载，PLC 控制

速度编号	1	2	3	4
控制电压（V）				
转速 n（r/min）				

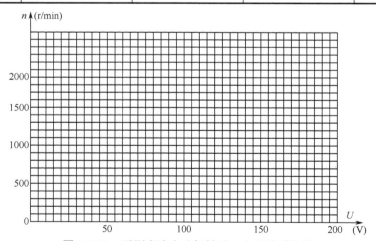

图 5-2-10　无刷直流电动机转速—电压关系曲线

2. 测试无刷直流电动机转速与转矩之间的关系

测试的方法与步骤如下：

① 选择触摸屏上的 速度 1 按钮按下，再按下 正转启动 按钮，无刷直流电动机在空载情

况下启动；记录此时电动机的转速。

②　接通制动器电源并逐渐加大制动电流以改变机械转矩，测定对应的转速，即可得到某一工作电压下的机械特性曲线 $n=f(T_L)$。

③　记录测量数据，并填写在表 5-2-7 中。

④　测试任务完成后，关闭实训台的总电源开关，整理实训台。

⑤　绘制无刷直流电动机的转速 n 随转矩 T_L 变化的关系曲线 $n=f(T_L)$，如图 5-2-11 所示。

表 5-2-7　无刷直流电机机械特性测试数据表　　　测试条件：初始转速 1000r/min

转矩 T_L（N·m）	空载	0.4	0.6	0.8	1.0	1.2
转速 n（r/min）	2000					

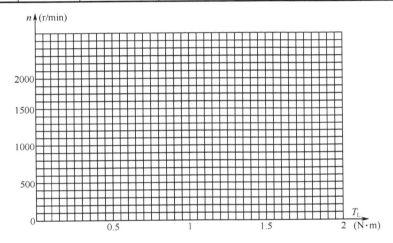

图 5-2-11　无刷直流电动机机械特性曲线

安全提示：

在完成工作任务全过程中，必须确保安全用电，必须在确定电机安全防护盖已盖好后才能通电检测。在拆卸电路前必须断开实训台的总电源。

【思考与练习】

1．无刷直流机装配完成后做动态检测，发现电动机转速较高时，齿轮副开始不转动了，这是为什么？

2．该任务要求的 PLC 程序与项目二任务三的 PLC 程序有什么异同点？

3．BL-2203C 型无刷直流电动机驱动器可提供三种调速方式，即内部电位器调速、外部模拟量调节和多段速度选择。调速控制所需要的器件如图 5-2-12 所示。请你完成以下工作任务：

（1）根据图 5-2-12 所示的器件，连接好控制电路。

（2）编写无刷直流电动机三种调速控制的方法与步骤。

（3）操作过程中要注意哪些问题？

（4）完成多段速度选择操作后将电机实际转速记录在表 5-2-8 中。

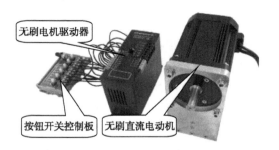

图 5-2-12　无刷直流电动机调速控制需要的器件

表 5-2-8　端子信号组合与多段速度关系

CH1　CH2　CH3	转速（r/min）	CH1　CH2　CH3	转速（r/min）
通、　通、　通		断、　通、　通	
通、　通、　断		断、　通、　断	
通、　断、　通		断、　断、　通	
通、　断、　断		断、　断、　断	

4．BL-2203C 型无刷直流电动机驱动器可采用模拟量调节方法来改变无刷直流电动机的运行速度。由调压模块作为模拟量输入信号，并通过 PLC 和触摸屏控制调压模块中各电阻的通断状态来改变模拟量输入信号，从而达到改变电动机转速的目的。控制电路原理图如图 5-2-13 所示。请你完成以下工作任务：

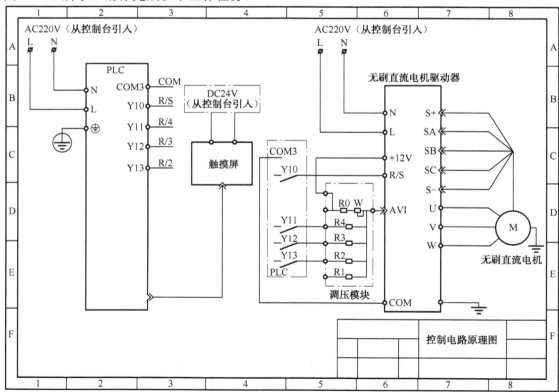

图 5-2-13　控制电路原理图

（1）根据控制电路原理图正确选择元器件，并安装固定在多网孔板上。

（2）编写 PLC 和触摸屏程序。要求触摸屏上有启动与停止按钮，以及 7 个速度按钮供选择。

（3）检测电动机的转速随模拟输入信号的变化关系。并将数据记录在表 5-2-9 中。

表 5-2-9　无刷直流电机电压—转速关系测试数据表　　测试条件：空载

速度标号	1	2	3	4	5	6	7
PLC 接通电阻	R4∥R3∥R2	R4∥R3	R4∥R2	R4	R2∥R3	R3	R2
转速 n（r/min）							
控制电压（V）							
备注	用数字万用表测量无刷直流驱动器 AVI 与 COM 脚间的（控制）电压						

5．请你填写完成无刷直流电动机的运行检测工作任务评价表（表 5-2-10）。

表 5-2-10　完成编写多段速运行控制的触摸屏程序工作任务评价表

序　号	评价内容	配　分	自我评价	老师评价
1	线槽尺寸及安装工艺是否符合要求	5		
2	元器件的选择、安装工艺是否符合要求	5		
3	电路导线的连接是否按安装工艺规范要求进行	10		
4	检查电路时，是否有漏接、接错、短接等现象	10		
5	调试触摸屏程序时，触摸屏的按钮是否达到功能要求	10		
6	你所编写的 PLC 梯形图程序是否能满足本次工作任务要求	10		
7	触摸屏与 PLC 建立通信是否正常	5		
8	无刷直流电动机驱动器的操作方法：	15		
9	无刷直流电动机运行检测的结论：	20		
10	完成工作任务的全过程是否安全施工、文明施工	10		
合　计		100		

步进电动机装配与运行检测

步进电动机是一种把电脉冲信号转换成角位移或线位称的开环控制元件，在数字控制系统中被广泛采用。步进电动机由步进驱动器提供输入电脉冲，每输入一个脉冲信号，步进电动机转子就转过一个固定的角度。

通过完成步进电动机的装配、步进电动机的运行检测这两项工作任务，了解步进电动机的基本结构和工作原理，学会步进电动机的装配，了解步进电动机驱动器的工作原理和使用方法，掌握步进电动机的运行检测技术。

任务一 步进电动机的装配

根据如图 6-1-1 所示的步进电动机装配图，请你在电机测试台上完成步进电动机的装配，并通过静态调整与动态调整，使电机装配满足如下要求：

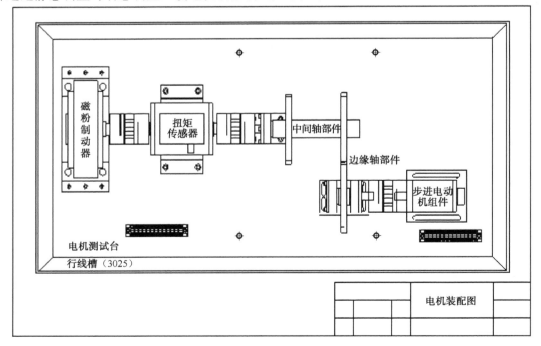

图 6-1-1 步进电动机装配图

（1）电机安装后要保证轴与轴中心线的同轴度。

（2）齿轮架及轴上的齿轮装配完应转动灵活、轻快。

（3）齿轮啮合要控制合理间隙，拨动齿轮时无异声，传动平稳。

（4）联轴器安装后，两边的端面离被安装的端面距离要合适。

（5）保证三相异步电动机运行时无发热、振动现象，运行噪声在正常范围内。

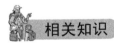 **相关知识**

一、步进电动机型号

步科两相混合式步进电动机的型号的含义如图 6-1-2 所示。

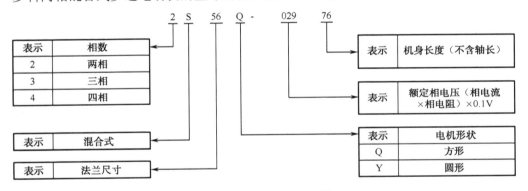

图 6-1-2 步进电动机型号

二、步进电动机技术参数

步科 2S56Q-02976 型两相混合式步进电动机的技术参数见表 6-1-1。

表 6-1-1 2S56Q-02976 型步进电动机技术参数

名　称	参　数	名　称	参　数
步距角	1.8°±5%	绝缘等级	B
相电流（A）	3.0	耐压等级	600VAC 1s 5mA
保持扭矩（N·m）	1.5	最大轴向负载（N）	15
阻尼扭矩（N·m）	0.07	最大径向负载（N）	75
相电阻（Ω）	0.95±15%	工作环境温度	−20℃ ～ 50℃
相电感（mH）	3.4±20%	表面温升	最高 80℃（两相接通额定相电流）
电机惯量（kg·cm²）	0.46	绝缘阻抗	最小 100MΩ，500VDC
电机长度 L（mm）	76	重量（kg）	1.0
电机轴径（mm）	6.35	引出线长度（mm）	300±10[*1]
引线数量	4	空载启动频率（Hz）	8.8k
电机信号线颜色：红色—A+ 蓝色—A- 绿色—B+ 黑色—B-			

完成工作任务指导

一、准备工具与器材

1. 安装工具

安装工具：内六角扳手、钢直尺、直角尺、游标卡尺、橡胶锤、铜套。

2. 器材

步进电动机、电动机支架、微型弹性联轴器、内六角螺栓、螺母、中间轴部件、边缘轴部件。

二、电动机装配的环境要求与安全要求

1. 装配工作的环境要求

① 电机装配前，应注意清洁零件的表面。
② 安装平台上不允许放置其他器件、保持整洁。
③ 在操作过程中，工具与器材不得乱摆。
④ 工作结束后，收拾好工具与器材，清扫卫生，保持工位的整洁。

2. 装配工作的安全要求

① 要正确使用安装工具，防止在操作中发生伤手的事故。
② 动态检测时，请遵守安全用电规程。
③ 静态检测时，请确保断电后进行。

三、完成工作任务的方法与步骤

步进电动机装配的方法与步骤如图 6-1-3 所示。

（a）整理安装平台　　　　　　　　　　（b）安装中间轴（长轴）部件

图 6-1-3　步进电动机装配方法和步骤

（c）安装边缘轴部件

（d）用内六角扳手紧固机座

（e）用内六角扳手紧固联轴器

（f）安装防护板

图 6-1-3　步进电动机装配方法和步骤（续）

安全提示：

安装好防护板后才能做动态测试，测试时必须注意安全用电规程；静态测试时，必须在断开电源的情况下进行。

【思考与练习】

1．你觉得按"完成工作任务指导"中的方法和步骤完成步进电动机的装配工作任务合理吗？请说出你的看法。

2．在完成步进电动机的运行检测过程中，有时会遇到步进电动机失步现象。请你分析造成步进电动机失步的原因可能有哪些？如何克服步进电动机的失步问题？

3．步进电动机的转速及停止位置与电脉冲信号有什么关系？与负载转矩的大小有关吗？

4．请你填写完成步进电动机的装配工作任务评价表（表 6-1-2）。

表 6-1-2　完成无刷直流电动机的装配工作任务评价表

序　　号	评　价　内　容	配　　分	自 我 评 价	老 师 评 价
1	零部件表面是否清洁过	5		
2	安装平台上是否有乱摆放东西现象	5		
3	安装过程是否符合规范要求	10		
4	部件安装次序位置是否正确	5		
5	步进电动机机座安装情况	5		
6	步进电动机 A 相绕组电阻	5		

续表

序　号	评价内容	配　分	自我评价	老师评价
7	步进电动机 B 相绕组电阻	5		
8	中间轴部件安装情况	10		
9	边缘轴部件安装情况	10		
10	螺栓安装是否紧固	10		
11	安装完成后是否盖上防护板并固定好	10		
12	作业过程中是否符合安全操作规程	10		
13	完成工作任务后，工位是否整洁	10		
	合　　计	100		

任务二　步进电动机的运行检测

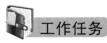
工作任务

在任务一，我们完成了步进电动机的装配，如图 6-1-3 所示。现在通过触摸屏上的点动按钮改变步进电动机的运行方向和多段速度的选择，测试步进电动机转速与频率关系、转矩与频率关系。测试用电气原理图如图 6-2-1 所示。

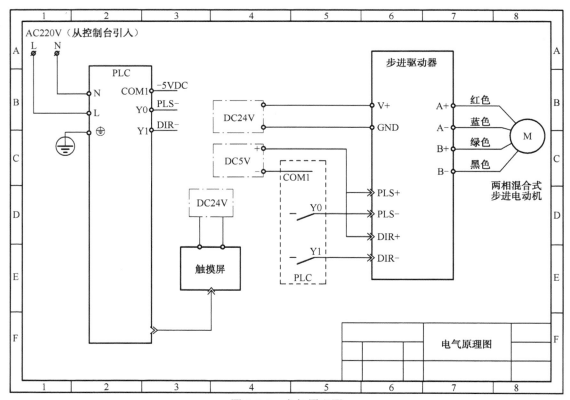

图 6-2-1　电气原理图

请你按要求完成下列任务：

（1）根据电气原理图正确选择相应元器件，按图 6-2-5 所示的电器元件布置图排列并紧固安装。

（2）根据电气原理图，按接线工艺规范要求连接好电路。

（3）根据控制要求编写 PLC 程序、触摸屏程序。

（4）根据要求进行通信连接下载程序，调试设备达到控制要求。

（5）检测步进电动机转速与频率之间的关系。

（6）检测步进电动机转矩与频率之间的关系。

触摸屏画面如图 6-2-2 所示。触摸屏上的 速度 1 到 速度 4 按钮对应预先设置好好的一个速度（相对应于一个脉冲频率）。启动步进电动机前，应先选择速度按钮，再按下 正转启动 按钮，电机将按选定的速度正转运行。此时，按下其他速度按钮或反转启动按钮均无效。只有在按下 停止 按钮，步进电动机停止转动时才能再次选择其他速度和方向。

图 6-2-2　触摸屏画面

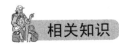 相关知识

一、步进驱动器型号及特点

1. 步进驱动器型号

步科 2M530 型步进驱动器外型及型号如图 6-2-3 所示。

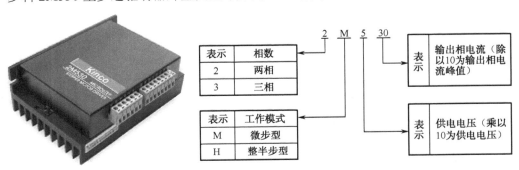

图 6-2-3　步进驱动器外型及型号

二、步进驱动器的特点

步科 2M530 型驱动器具有以下特点：

◇ 供电电压直流 24V，最大可达直流 48V；

◇ 采用双极型恒流驱动方式，最大驱动电流可达每相 3.5A，可驱动小于 3.5A 的任何两相双极型混合式步进电机；

◇ 对于电机的驱动输出相电流可通过 DIP 开关调整，以配合不同规格的电机；

◇ 具有电机静态锁紧状态下的自动半流功能，可以大大降低电机发热；

◇ 采用专用电机驱动控制芯片，具有最高可达 256/200 的细分功能，细分可以通过 DIP 开关设定，保证提供最好的运行平稳性能；

◇ 具有脱机功能，可以在必要时关闭给电机的输出电流；

◇ 控制信号的输入电路采用光耦器件隔离，降低外部噪声的干扰。

二、驱动器与控制器连接图

驱动器与控制器如 PLC 之间的连接可采用共阳极或共阴极的接线方式，共阳极接法如图 6-2-4 所示。

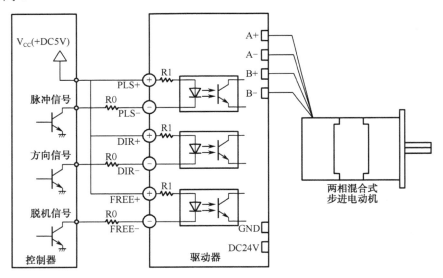

图 6-2-4　驱动器与控制器连接图

驱动器与控制器 PLC 连接图的说明：

◇ 电源 DC 5V 的正极接至驱动器的输入端子（PLS+、DIR+、FREE+）上，这样脉冲信号、方向信号及脱机信号的低电平均视为有效信号。

◇ 方向信号为高电平时，电动机反转；低电平时为正转。

◇ 脱机信号为高电平或悬空时，转子处于锁定状态；低电平时，电机相电流被切断，转子处于脱机自由状态。

三、DIP 拨码开关

1. DIP 功能命名

在步进驱动器的顶部有一个红色的 8 位 DIP 功能设定开关，可以用来设定驱动器的工作方式和工作参数。注意，更改拨码开关的设定之前请先断开电源。

DIP 开关功能命名见表 6-2-1。

表 6-2-1　DIP 开关功能命名

拨码开关序号	ON 功能	OFF 功能	DIP 开关正视图
DIP1～DIP4	细分设置用	细分设置用	
DIP5	自动半流功能有效 （静态电流半流）	自动半流功能禁止 （静态电流全流）	
DIP6～DIP8	输出电流设置用	输出电流设置用	

2. 细分设定

利用步进驱动器的拨码开关 DIP2～DIP4 可以组合出不同的细分。细分为整步时，驱动器每接收到一个脉冲，带动电动机转动 1.8°；细分为半步（2 细分）时，驱动器每接收到一个脉冲，带动电动机转动 0.9°；其余细分，以此类推。细分设定方法见表 6-2-2。

表 6-2-2　细分设定

拨码开关			DIP1 为 ON	DIP1 为 OFF
DIP2	DIP3	DIP4	细分	细分
ON	ON	ON	N/A*	2
OFF	ON	ON	4	4
ON	OFF	ON	8	5
OFF	OFF	ON	16	10
ON	ON	OFF	32	25
OFF	ON	OFF	64	50
ON	OFF	OFF	128	100
OFF	OFF	OFF	256	200

注：* N/A 代表无效，无整步功能，禁止将拨码开关拨到 N/A 挡！

3. 输出电流设定

输出电流设定见表 6-2-3。

表 6-2-3 **输出电流设定**

拨 码 开 关			输出电流峰值
DIP6	DIP7	DIP8	
ON	ON	ON	1.2A
ON	ON	OFF	1.5A
ON	OFF	ON	1.8A
ON	OFF	OFF	2.0A
OFF	ON	ON	2.5A
OFF	ON	OFF	2.8A
OFF	OFF	ON	3.0A
OFF	OFF	OFF	3.5A

 完成工作任务指导

一、控制电路的安装

在 YL-163A 型电机装配与运行检测实训装置中的多网孔板上完成控制电路的安装。完成控制电路的安装任务的方法和步骤如下：

1. 工具耗材准备

工业线槽、1.0mm² 红色和蓝色多股软导线、1.0mm 黄绿双色 BVR 导线、0.75mm² 黑色和蓝色多股导线、冷压接头 SVφ1.5-4、缠绕带、捆扎带、螺丝刀、剥线钳、压线钳、斜口钳、万用表等。

2. 元器件的选择与检测

根据控制电路原理图，本次控制电路的安装与调试任务所需要的元器件有：三菱可编程控制器 FX3U-32M、西门子触摸屏、DC 24V 电源模块、步进电动机、步进电动机驱动器、单相 220V 电源、扭矩传感器、磁粉制动器。

对以上所列的所有器件进行型号、外观、质量等方面的检测。

3. 线槽和元器件的安装

线槽安装方法与项目一任务二中图 1-2-2 所示的相同。将已检测好的元器件按图 6-2-5 所示的电器元件布置图进行排列，并安装固定，如图 6-2-6 所示。

4. 连接控制电路板上的线路

根据测试用电气控制原理图，按接线工艺规范的要求完成：

（1）主电源与 DC 24V 电源模块、PLC、驱动器之间连接电路的接线。

（2）PLC 输出端子（Y）与驱动器输入端子连接电路的接线。

（4）驱动器与步进电动机连接电路的接线。

（5）DC 24V 开关电源与触摸屏电路连接。

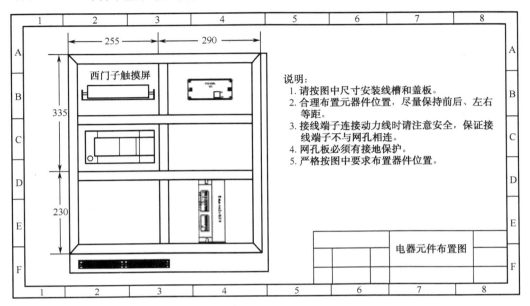

图 6-2-5 电器元件布置图

整理好导线并将线槽盖板盖好。连接好的线路如图 6-2-7 所示。接线工艺规范的要求：

◇ 连接导线选用正确、电路各连接点连接可靠、牢固、不压皮不露铜。

◇ 进接线排的导线都需要套好号码管并编号。

◇ 同一接线端子的连接导线最多不能超过 2 根。

图 6-2-6 电器元件的安装

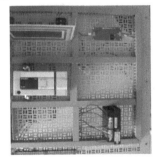

图 6-2-7 控制电路的接线

在编写触摸屏、PLC 控制程序之前，先对接好的电路板进行电气检测。

二、触摸屏程序的编写

1. 定义按钮的变量

根据如图 6-2-2 所示的触摸屏控制画面，画面上共有 7 个按钮，包含速度选择按钮 速度 1

至速度 4，运行选择按钮正转启动和反转启动，控制电动机停止的停止按钮。根据控制要求，设置各个按钮的变量见表 6-2-4。

表 6-2-4 定义按钮变量

序号	按钮名称	变量	内部变量	序号	按钮名称	变量	内部变量
1	停止	M0	——	5	速度 4	M4	内部变量—11
2	速度 1	M1	内部变量—8	6	正转启动	M5	内部变量—12
3	速度 2	M2	内部变量—9	7	反转启动	M6	内部变量—13
4	速度 3	M3	内部变量—10				

2. 建立变量表

在选择好通信驱动程序 Mitsubishi Fx 后，建立变量表，见表 6-2-5。

表 6-2-5 变量表

名称	连接	数据类型	地址	注释
变量_1	连接_1	Bit	M0	停止按钮
变量_2	连接_1	Bit	M1	速度1
变量_3	连接_1	Bit	M2	速度2
变量_4	连接_1	Bit	M3	速度3
变量_5	连接_1	Bit	M4	速度4
变量_6	连接_1	Bit	M5	正转
变量_7	连接_1	Bit	M6	反转
变量_8	<内部变量>	Bool	<没有地址>	速度1按钮动画标志
变量_9	<内部变量>	Bool	<没有地址>	速度2按钮动画标志
变量_10	<内部变量>	Bool	<没有地址>	速度3按钮动画标志
变量_11	<内部变量>	Bool	<没有地址>	速度4按钮动画标志
变量_12	<内部变量>	Bool	<没有地址>	正转按钮动画标志
变量_13	<内部变量>	Bool	<没有地址>	反转按钮动画标志
变量_14	<内部变量>	Bool	<没有地址>	起动按钮动作标志

3. 设置按钮组态

设置按钮组态主要包括常规、属性、动画、事件等内容，设置方法及步骤与项目二任务三的相同，这里不再复述。

三、PLC 控制程序的编写

1. 分析控制要求，画出自动控制的工作流程图

分析控制要求不难发现，工作过程可分为速度选择、启动及停止状态，停止状态也就是初始状态。电动机运行后速度和方向不能切换的要求由触摸屏来设定，与 PLC 无关。工作流程图如图 6-2-8 所示。

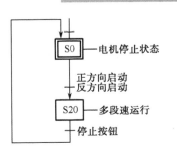

图 6-2-8 工作流程图

2. 编写 PLC 控制程序

根据所画出的流程图的特点，确定编程思路。本次任务要求的工作过程是在选择速度按钮后，按下正转或反转启动按钮，电动机将以相应的速度和方向运行。根据这一特点，我们把速度选择编辑在步进指令外，同时考虑步进电动机的转速取决于脉冲频率，因此，多段速度的分配可采用数据传送指令给定。步进指令梯形图程序如图 6-2-9 所示。

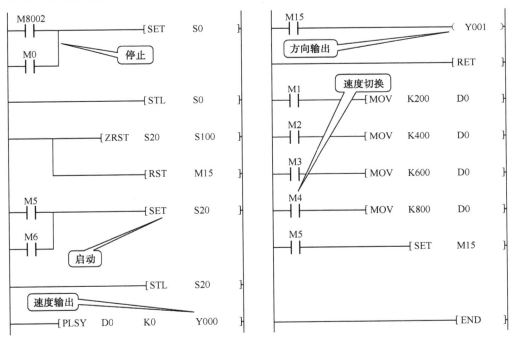

图 6-2-9 步进指令梯形图程序

四、调试控制电路

检查电路正确无误后，将设备电源控制单元的单相 220V 电源连接到控制电路板端子排上。接通电源总开关，按下电源启动按钮，连接通信线，下载触摸屏、PLC 程序。

按照工作任务描述按下触摸屏上的速度按钮、正转（或反转）启动按钮，检查电动机是否以相对应的速度运行；此时按下其他速度按钮和方向按钮，检查电动机的运行情况是否会变化。

五、步进电动机的运行检测

按照任务一的方法和步骤在电机测试平台上装配步进电动机，完成调试任务后进行运行检测。

1. 测试步进电动机转速与频率的关系

测试的方法与步骤如下：

① 闭合实训台的电源总开关，连接好 PLC 与触摸屏的通信线。

② 选择触摸屏上的 速度 1 按钮，按下 正转启动 按钮，步进电动机启动，待电动机速度稳定后，从仪表盘上读出转速数值。测量后按下停止按钮，让电动机停止运行。

③ 继续选择 速度 2 至 速度 4 按钮，逐次测量电动机的转速。

④ 记录测量的数据，并填写在表 6-2-6 中。

⑤ 测试任务完成后，关闭实训台的总电源开关，整理实训台。

⑥ 绘制步进电动机的转速 n 随频率 f 变化的关系曲线 $n=f(f)$，如图 6-2-10 所示。

表 6-2-6　步进电机转速—频率关系测试数据表　　测试条件：空载（无细分，电流 1.8A）

脉冲频率 f（Hz）	200	400	600	800
转速 n（r/min）				

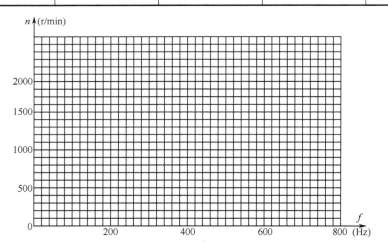

图 6-2-10　步进电动机转速—频率关系曲线

2. 测试步进电动机最大转矩与频率之间的关系

测试的方法与步骤如下：

① 选择触摸屏上的 速度 1 按钮按下，再按下 正转启动 按钮，步进电动机在空载情况下

启动。

②接通制动器电源并逐渐加大制动电流，当步进电动机出现速度急速下降时，记录此时最大的转矩。

③用同样的方法继续选择 速度 2 至 速度 4，逐次测量最大的转矩。

④记录测量数据，并填写在表 6-2-7 中。

测试任务完成后，关闭实训台的总电源开关，整理实训台。

⑤绘制步进电动机的转矩 T_L 随频率变化的关系曲线 $T_L=f(f)$，如图 6-2-11 所示。

表 6-2-7　步进电机转矩—频率测试数据表　　测试条件：负载（无细分，电流 1.8A）

速度标号	速度 1	速度 2	速度 3	速度 4	速度 5	速度 6
最大负载转矩 T_L（N·m）						

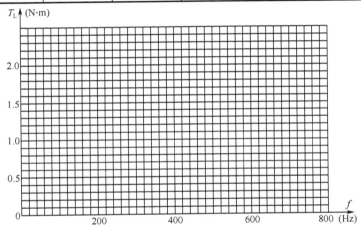

图 6-2-11　步进电动机最大转矩—频率关系曲线

安全提示：

在完成工作任务全过程中，必须确保安全用电，必须在确定电机安全防护盖已盖好后才能通电检测。在拆卸电路前必须断开实训台的总电源。

【思考与练习】

1. 本次任务的 PLC 程序与项目五任务二的程序有什么不同呢？

2. 步进电动机的转速与脉冲频率的比值是不是一个常量？比值的大小与什么因素有关？

3. 步进电动机的最大转矩与启动转矩会相等吗？

4. 根据电气控制原理图，按下 S1，步进电动机以 0.5r/s 的转速正转启动；按下 S3，电动机停止；按下 S2，步进电动机以 0.5r/s 的转速反转启动。步进驱动器设置为 2 细分，输出电流为 3A。根据以上要求，完成以下任务：

（1）根据电气控制原理图，正确选择元器件，并进行质量检测。

（2）设计元器件布置图，并将元器件排列、安装紧固。

（3）根据电气控制原理图，连接好控制电路。

（4）根据控制要求编写 PLC 控制程序，并下载调试，实现控制要求功能。

（5）请你编写完成这项工作任务的方法和步骤。

电气原理图如图6-2-12所示。

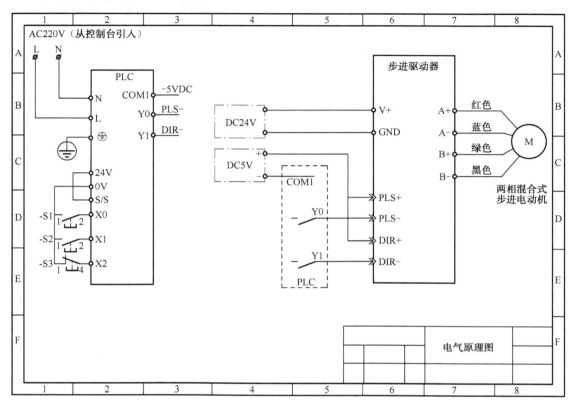

图 6-2-12　电气原理图

5. 请你填写完成步进电动机的运行检测工作任务评价表（表6-2-8）。

表 6-2-8　完成步进电动机的运行检测工作任务评价表

序　号	评 价 内 容	配　分	自 我 评 价	老 师 评 价
1	线槽尺寸及安装工艺是否符合要求	10		
2	元器件的选择、安装工艺是否符合要求	10		
3	电路导线的连接是否按安装工艺规范要求进行	10		
4	检查电路时，是否有漏接、接错、短接等现象	10		
5	调试触摸屏程序时，触摸屏的按钮是否达到功能要求	10		
6	你所编写的 PLC 梯形图程序是否能满足本次工作任务要求	10		
7	触摸屏与 PLC 建立通信是否正常	10		
8	步进电动机的运行检测的结论：	20		
9	完成工作任务的全过程是否安全施工、文明施工	10		
	合　　计	100		

项目 七 交流伺服电动机装配与运行检测

交流伺服电动机能将输入的电压信号变换成转矩和速度输出，以驱动控制对象，在自动控制系统中作为执行元件。

通过完成交流伺服电动机的装配、交流伺服电动机在位置控制模式下的运行检测、交流伺服电动机在速度控制模式下的运行检测这三项工作任务，了解交流伺服电动机的基本结构和工作原理，学会伺服电动机的装配，了解交流伺服驱动器的工作原理和使用方法，掌握交流伺服电动机的运行检测技术。

任务一 交流伺服电动机的装配

工作任务

根据如图 7-1-1 所示的交流伺服电动机装配图，请你在电机测试台上完成交流伺服电动机的装配，并通过静态调整与动态调整，使电机装配满足如下要求：

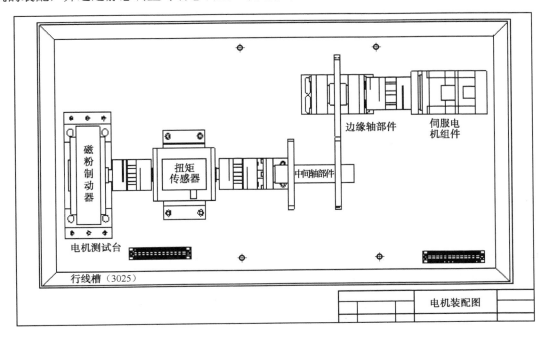

图 7-1-1 交流伺服电动机装配图

（1）电机安装后要保证轴与轴中心线的同轴度。

（2）齿轮架及轴上的齿轮装配完应转动灵活、轻快。

（3）齿轮啮合要控制合理间隙，拨动齿轮时无异声，传动平稳。

（4）联轴器安装后，两边的端面离被安装的端面距离要合适。

（5）保证三相异步电动机运行时无发热、振动现象，运行噪声在正常范围内。

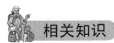
相关知识

一、交流伺服电动机的结构

交流伺服电动机的结构与普通鼠笼式异步电动机基本一样，它的定子装有空间相隔 90°的两个绕组，一个是励磁绕组，另一个是控制绕组。交流伺服电动机的转子有鼠笼形转子和杯形转子两种。鼠笼形转子和三相鼠笼式异步电动机结构相似，只是造型细长以减小转动惯量；杯形转子是用铝合金或黄铜等非磁性材料制成的空心杯转子以减小转动惯量，其交流伺服电动机的定子铁心分为两部分，一个称外铁心定子部分，另一个称内铁心定子部分。当前主要应用的是鼠笼形转子的交流伺服电动机。交流伺服电动机的结构图如图 7-1-2 所示。

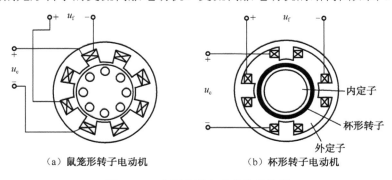

（a）鼠笼形转子电动机　　　　（b）杯形转子电动机

图 7-1-2　交流伺服电动机的结构图

二、交流伺服电动机工作原理

交流伺服电动机的工作原理与电容分相式单相异步电动机相似，励磁绕组中串有电容器作移相用，如图 7-1-3 所示。当定子的控制绕组没有控制电压，只在励磁绕组通入交流电时，在电机的气隙中将产生交流脉动磁场，伺服电动机的转子不会产生电磁转矩，伺服电动机不会转动。如果在励磁绕组通入交流电的同时，控制绕组加上交流控制电压，适当的电容 C 值可使励磁电流和控制电流在相位上近似相差 90°，结果在电机的气隙中产生旋转磁场，产生电磁转矩，伺服电动机就转动起来。

当控制电压消失后，仅有励磁电压作用时，伺服电机便成为单相异步电动机继续转动，不会自行停车，这种现象称为"自转"。为了防止自转现象的发生，转子导体必须选用电阻率大的材料制成。

一般使交流伺服电动机转子电阻增大到临界转差率 $S_m>1$，这样即使伺服电动机在运行中控制电压消失之后，伺服电动机转子也不会再继续转动。因为此时励磁绕组的脉动磁场会产生制动的电磁转矩，使转子迅速停止转动。

图 7-1-4 为交流伺服电动机在不同控制电压下的机械特性曲线。由图可知，在一定负载转矩下，控制电压越大，则转速越高；在一定控制电压下，负载增加，转速下降。同时，由于转子电阻较大，机械特性很软，这不利于系统的稳定。

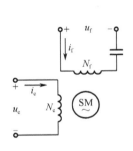

图 7-1-3　交流伺服电机原理图

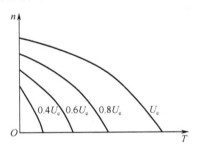

图 7-1-4　不同 U_c 时的机械特性曲线（U_f=常数）

三、SGMJV-04ADE6S 型交流伺服电动机型号

安川系列交流伺服电动机型号的含义见表 7-1-1。

表 7-1-1　交流伺服电动机型号的含义

SGMJV -	04	A	D	E	6	S
Σ-V 系列伺服电机 SGMJV 型	第 1+2 位	第 3 位	第 4 位	第 5 位	第 6 位	第 7 位
符　号	规　格		符　号	规　格		
第 1+2 位：额定输出			第 5 位：设计顺序			
A5	50W		A	标准		
01	100W		第 6 位：轴端			
02	200W		2	直轴、不带键槽（标准）		
04	400W		6	直轴、带键槽（选购件）		
08	750W		B	带两面平面座（选购件）		
第 3 位：电源电压			第 7 位：选购件			
A	AC200V		1	不带选购件		
第 4 位：串行编码器			C	带制动器（DC24V）		
3	20 位绝对值（标准）*		E	带油封、带制动器（DC24V）		
D	20 位增量型（标准）		S	带油封		
A	13 位增量型（标准）		*说明：将配备了 20 位绝缘值编码器的伺服电机 SGMJV 型和本公司伺服单元 SGDV 型配套包装			

完成工作任务指导

一、准备工具与器材

1. 安装工具

安装工具：内六角扳手、钢直尺、直角尺、游标卡尺、橡胶锤、铜套。

2. 器材

交流伺服电动机、伺服驱动器、微型弹性联轴器、内六角螺栓、螺母、中间轴部件、边缘轴部件。

二、电动机装配的环境要求与安全要求

1. 装配工作的环境要求

① 电机装配前，应注意清洁零件的表面。
② 安装平台上不允许放置其他器件、保持整洁。
③ 在操作过程中，工具与器材不得乱摆。工作结束后，收拾好工具与器材，清扫卫生，保持工位的整洁。

2. 装配工作的安全要求

① 要正确使用安装工具，防止在操作中发生伤手的事故。
② 动态检测时，请遵守安全用电规程。

三、完成工作任务的方法与步骤

交流伺服电动机装配的方法与步骤如图 7-1-5 所示。

（a）整理安装平台　　　　　　　　　（b）安装中间轴（长轴）部件

图 7-1-5　交流伺服电动机装配方法和步骤

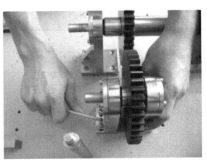
（c）安装边缘轴部件

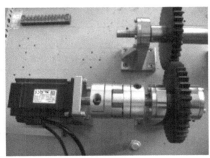
（d）安装联轴器

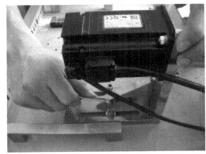
（e）用内六角扳手紧固电机座

（f）安装防护板

图 7-1-5　交流伺服电动机装配方法和步骤（续）

安全提示：

　　安装好防护板后才能做动态测试，测试时必须注意安全用电规程；静态测试时，必须在断开电源的情况下进行。

【思考与练习】

　　1．你在完成安装交流伺服电动机的工作任务中是否遇到过什么困难？你是如何克服困难的？

　　2．静态和动态测试分别需要测试哪些内容？

　　3．请你编写完成交流伺服电动机拆卸工作任务的方法和步骤。

　　4．请你填写完成交流伺服电动机的装配工作任务评价表（表 7-1-2）。

表 7-1-2　完成交流伺服电动机的装配工作任务评价表

序　　号	评 价 内 容		配　　分	自 我 评 价	老 师 评 价
1	零部件表面是否清洁过		5		
2	安装平台上是否有乱摆放东西现象		5		
3	安装过程是否符合规范要求		5		
4	部件安装次序位置是否正确		5		
5	边缘轴部件安装情况		5		
6	交流伺服电动机绕组电阻		5		
7	交流伺服电动机型号		5		
8	扭矩传感器与中间轴部件的联轴器安装情况		10		

续表

序　号	评价内容	配　分	自我评价	老师评价
9	边缘轴部件与中间轴部件的齿轮副啮合情况	10		
10	螺栓安装是否紧固	10		
11	安装完成后是否盖上防护板并固定好	5		
12	静态测试时是否正常	10		
13	动态测试是否正常	10		
14	作业过程中是否符合安全操作规程	5		
15	完成工作任务后，工位是否整洁	5		
合　计		100		

任务二　交流伺服电动机在位置控制模式下的运行检测

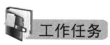 工作任务

在任务一中我们完成了交流伺服电动机的装配，如图 7-1-5 所示。现在通过 PLC 控制交流伺服电动机的运行，检测交流伺服电动机的转速与脉冲频率的关系。检测用电气原理图如图 7-2-1 所示。

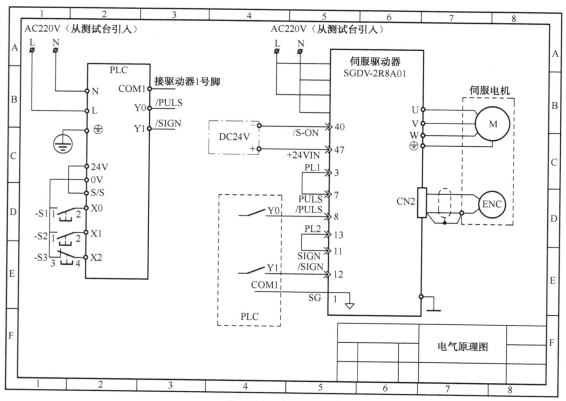

图 7-2-1　电气原理图

请你按要求完成下列任务：

（1）根据电气控制原理图正确选择元器件，按图 7-2-2 所示的电器元件布置图排列并紧固安装。

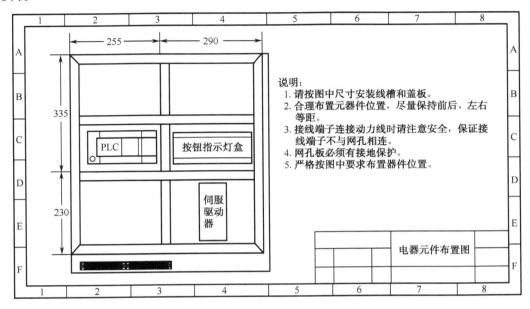

图 7-2-2 电器元件布置图

（2）根据电气控制原理图，按接线工艺规范要求连接好电路。

（3）根据控制要求编写 PLC 程序。控制要求如下：

① 按下按钮 S1，交流伺服电动机正转启动；按下按钮 S2，交流伺服电动机反转启动；按下按钮 S3，交流伺服电动机停止转动。

② 正反转运行必须经过按下按钮 S3 后进行方向切换。

③ 正向脉冲频率 1000Hz，反向脉冲频率 2000Hz。

（4）根据要求进行通信连接下载程序，调试设备达到控制要求。

（5）检测交流伺服电动机转速与频率之间的关系。

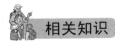 相关知识

一、安川 SGDV-2R8A01A 型伺服驱动器

1. 伺服驱动器的外形及连接线

伺服驱动器的外形及连接线如图 7-2-3 所示。

2. 伺服驱动器的额定值

安川 Σ-V 系列主要用于需要"高速、高频度、高定位精度"的场合，该伺服驱动器可以

在最短的时间内最大限度地发挥机器性能，有助于提高生产效率。SGDV 型伺服驱动器的额定值见表 7-2-1。

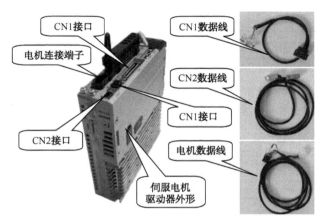

图 7-2-3　伺服驱动器外形及连接线

表 7-2-1　SGDV 型伺服驱动器的额定值

SGDV 单相 200V	120（正式型号为 SGDV-120A01A008000）
连续输出电流（Arms）	11.6
瞬时最大输出电流（Arms）	28
再生电阻器	内置/外置
主回路电源	单相 AC220～230V、−15%～+10%、50～60Hz
控制电源	单相 AC220～230V、−15%～+10%、50～60Hz
过电压等级	III

3. 伺服驱动器的型号

伺服驱动器型号的含义见表 7-2-2。

表 7-2-2　伺服驱动器型号的含义

SGDV -	2R8	A	01	A	000	00	0
Σ-V 系列	第 1+2+3 位	第 4 位	第 5+6 位	第 7 位	第 8+9+10 位	第 11+12 位	第 13 位

第 1+2+3 位：电流规格			第 7 位：设计顺序	
电压	符号	最大适用电机容量/kW	第 8+9+10 位：硬件规格	
100V	R70	0.05	符号	规格
200V	2R8	0.4	000	基座安装型（标准）
400V	1R9	0.5	001	搁架安装型
第 4 位：电压规格			002	涂漆处理
符号	电压		003	搁架安装型+涂漆处理
F	100V		008	单相 200V 电源输入规格（型号：SGDC-120A□1A008000）

续表

A	200V	020	动态制动器（DB）
D	400V	第11+12位：软件规格	
第5+6位：接口规格		符号	规格
符号	接口	00	标准
01	模拟量电压·脉冲序列指令型旋转型伺服电机	第13位：参数规格	
05	模拟量电压/脉冲序列指令型直线伺服电机	0	标准

4. 伺服驱动器各部分的名称及功能

（1）伺服驱动器各部分的名称

伺服驱动器各部分的名称如图7-2-4所示。

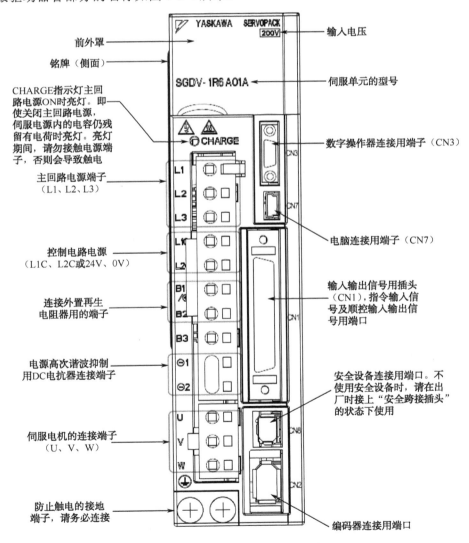

图7-2-4 伺服驱动器各部分名称

（2）伺服单元 CN1 的名称和功能

伺服单元 CN1 输入输出信号名称和功能见表 7-2-3 和表 7-2-4。

表 7-2-3　输入信号的名称和功能

控制方式	信　号　名	针　号	功　　能	
通用	/S-ON	40	控制伺服电机 ON/OFF（通电/不通电）的信号	
	/P-ON	41	P 动作指令	信号 ON 时，速度控制环从 PI（比例、积分）控制切换为 P（比例）控制
			旋转方向指令	选择内部设定速度控制时，切换电机的旋转方向
			控制方式切换	以"位置←→速度"、"位置←→转矩"、"转矩←→速度"的形式切换控制方式
			带零位固定功能的速度控制	选择了带零位固定功能的速度控制时，当信号 ON 时速度指令将被看做零
			带指令脉冲禁止功能的位置控制	选择了带指令脉冲禁止功能的位置控制时，当信号 ON 时将禁止指令脉冲的输入
	P-OT	42	禁止正转驱动	当机械运行超过可移动的范围时，停止伺服电机的驱动（超程防止功能）
	N-OT	43	禁止反转驱动	
	/P-CL	45	正转侧外部转矩限制	切换外部转限制功能的有效/无效
	/N-CL	46	反转侧外部转矩限制	
			内部速度切换	选择内部设定速度控制时，切换内部设定速度
	/ALM-RST	44	解除警报	
	+24VIN	47	在顺控制信号用控制电源输入时使用。工作电压范围：+11V～+25V（+24V 电源请用户自备）	
	SEN	4（2）	输入使用绝对值编码器时要求初始数据的信号	
	BAT（+）	21	绝对值编码器的备用电池连接针。	
	BAT（-）	21	使用带电池单元的编码器电缆时请不要连接	
	/SPD-D			
	/SPD-A			
	/SPD-B			
	/C-SEL	是可分配的信号	可变更/S-ON、/P-CON、P-OT、N-OT、/P-CL、/N-CL、/ALM-RST 的各输入信号，对功能进行分配	
	/ZCLAMP			
	/INHIBIT			
	/G-SEL			
	/PSEL			
速度	V-REF	5（6）	输入速度指令。最大输入电压：±12V	
位置	PULS	7	设定以下任意一种输入脉部形态：	
	/PULS	8	● 符号+脉冲序列	
	SIGN	11	● CW+CCW 脉冲序列	
	/SIGN	12	● 90°相位差二相脉冲	

续表

控制方式	信号名	针 号	功 能
位置	CLR	15	位置控制时清除位置偏差
	/CLR	14	
转矩	T-REF	9（10）	输入转矩指令。最大输入电压：±12V
注：（ ）内的针号用于信号接地（SG）			
CN1 输入输出接口插座针号（编号 1 至 50）示意图			

50 ⟵ 26

1 ⟶ 25

表 7-2-4 输出信号的名称和功能

控制方式	信号名	针 号	功 能	
通用	ALM+	31	检出故障时 OFF（断开）	
	ALM−	32		
	/TGON+	27	伺服电机的速度高于设定值时 ON（闭合）	
	/TGON−	28		
	/S-RDY+	29	在可接受伺服 ON（/S-ON）信号的状态下 ON（闭合）	
	/S-RDY−	30		
	PAO	33	A 相信号	是 90° 相位差的编码器分频脉冲输出信号
	/PAO	34		
	PBO	35	B 相信号	
	/PBO	36		
	PCO	19	C 相信号	是原点脉冲输出信号
	/PCO	20		
	AL01	37（1）	输出 3 位警报代码	
	AL02	38（1）		
	AL03	39（1）		
	FG	壳体	如果将输入输出信号用电缆的屏蔽层已连接到连接器壳体，即已进行了框架接地	
	/CLT	是可分配的信号	可变更/TGON、/S-RDY、/V-COMP（/COIN）的各输出信号，对功能进行分配	
	/VLT			
	/BK			
	/WARN			
	/NEAR			
	/PSELA			
速度	/V-CMP+	25	选择了速度控制时，电机速度在设定范围内与速度指令值一致时 ON（闭合）	
	/V-CMP−	26		

续表

控制方式	信 号 名	针 号	功 能
位置	/COIN+	25	选择了位置控制时，位置偏差在设定值内时 ON（闭合）
	COIN-	26	
	PL1	3	集电极开路指令用电源的输出信号
	PL2	13	
	PL3	18	
—		16	请勿使用
		17	
		23	
		24	
		48	
		49	

注：（）内的针号用于信号接地（SG）

（3）编码器信号 CN2 的名称和功能

编码器信号 CN2 的名称和功能见表 7-2-5。

表 7-2-5　编码器信号 CN2 的名称和功能

信 号 名	针 号	功 能	备 注
PG 5V	1	编码器电源+5V	
PG 0V	2	编码器电源 0V	
BAT（+）	3	电池（+）	增量型编码器时不需要连接
BAT（-）	4	电池（-）	
PS	5	串行数据（+）	
/PS	6	串行数据（-）	
屏蔽	壳体		

5．速度、位置、转矩控制模式的规格

速度、位置及转矩控制模式的规格见表 7-2-6。

表 7-2-6　速度、位置及转矩控制模式的规格

控制方式		规格	
速度控制	软启动时间设定		0～10s（可分别设定加速与减速）
	输入信号	指令电压	最大输入电压：±12V（正电压指令时电机正转） DC6V 时为额定转速（出厂设定） 可变更输入增益设定
		输入阻抗	14kΩ
		回路时间参数	30μs

续表

控制方式			规格
速度控制	内部设定速度控制	旋转方向选择	使用 P 动作信号
		速度选择	使用正转侧/反转侧外部转矩限制信号输入（第 1～3 速度选择）两侧均为 OFF 时，停止或变为其他控制方式
位置控制		前馈补偿	0～100%
		定位完成幅宽设定	0～1073741824 指令单位
	输入信号	指令脉冲　输入脉冲种类	选择任一种：符号+脉冲序列、CW+CCW 脉冲序列、90°相位差二相脉冲
		指令脉冲　输入脉冲形态	支持线性驱动、集电极开路
		指令脉冲　最大输入脉冲频率	线性驱动：符号+脉冲序列、CW+CCW 脉冲序列：4Mpps 90°相位差二相脉冲：1Mpps 集电极开路：符号+脉冲序列、CW+CCW 脉冲序列：200kpps 90°相位差二相脉冲：200kpps
		指令脉冲　指令脉冲输入倍率切换	1～100 倍
		清除信号	清除位置偏差 支持线性驱动、集电极开路
转矩控制	输入信号	指令电压	最大输入电压：±12V（正电压指令时，为正转转矩输出）DC3V 时为额定转速（出厂设定）可变更输入增益设定
		输入阻抗	约 14kΩ
		回路时间参数	16μs

二、驱动器的面板操作器

驱动器的面板操作器按键的名称及功能见表 7-2-7。

表 7-2-7　面板操作器按键的名称及功能

按　键	按键名称	功　　能	按键示图
1	MODE/SET 键	用于切换显示的按键；用于确定设定值的按键	MODE/SET △ ▽ DATA/◁ 1 2 3 4 （按键编号）
2	UP 键	增大（增加）设定值的按键	
3	DOWN 键	减小（减少）设定值的按键	
4	DATA/SHIFT 键	显示设定值。此时，按 DATA/SHIFT 键约 1s，将数位向左移一位（数位闪烁时）	

面板操作器由面板显示部和按键两部分构成。通过面板操作器可以显示状态、执行辅助功能、设定参数并监视伺服单元的动作。

面板操作器还具有使伺服警报复位功能：同时按住 UP 键和 DOWN 键，便可使伺服警报复位。但在使伺服警报复位之前，请务必排除警报原因。

1. 操作器功能的切换

操作器面板显示部可显示警报信息、辅助功能、参数设定及监视显示等内容。具体操作流程如图 7-2-5 所示。

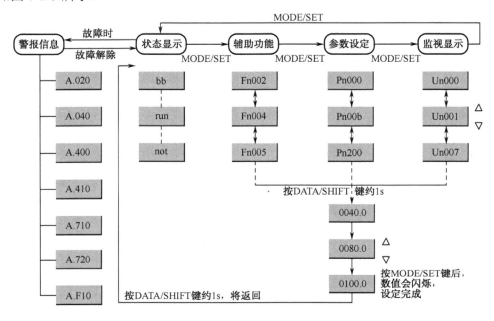

图 7-2-5　驱动器面板操作流程

① 位数显示。由于面板操作器显示窗口只能显示 5 位数，所以 6 位以上的设定值只能移动分段显示，从最低 4 位开始并往高位移位显示，具体显示位数如图 7-2-6 所示。

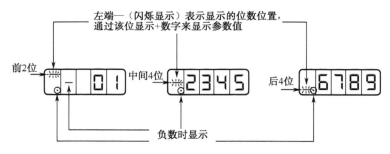

图 7-2-6　驱动器面板显示窗口

以定位完成幅度 Pn522 设定值设为"0123456789"为例，说明数值型参数的设定方法，操作步骤见表 7-2-8。

表 7-2-8 参数设定时的操作步骤

步 骤	操作后的面板显示	使用的按键	操 作 说 明
1	Pn522		按 MODE/SET 键进入参数（Pn□□□）设定状态 按 DATA/SHIFT 键，UP 或 DOWN 键显示"Pn522"
2	后 4 位变更前 0007 ↓ 后 4 位变更后 6789		按 DATA/SHIFT 键约 1s，显示 Pn522 的当前设定值的后 4 位（该例中显示为 0007） 按 DATA/SHIFT 键，移动数位，设定各位的数值（该例中设定为 6789）
3	中间 4 位变更前 0000 ↓ 中间 4 位变更后 2345		接着按 DATA/SHIFT 键，显示中间 4 位（该例中显示为 0000） 按 DATA/SHIFT 键，移动数位，设定各位的数值（该例中设定为 2345）
4	前 2 位变更前 00 ↓ 前 2 位变更后 01		接着按 DATA/SHIFT 键，显示前 2 位（该例中显示为 00） 按 DATA/SHIFT 键，移动数位，设定各位的数值（该例中设定为 01），这样就设定了"0123456789"的数值
5	01 ↓ Pn522		按 MODE/SET 键，将通过该操作设定的数值（该例中为 0123456789）写入伺服单元 写入期间前 2 位的显示会闪烁，写入完成后，按 DATA/SHIFT 键约 1 秒钟，返回"Pn522"的显示

② 状态显示。操作器的显示部可显示伺服驱动器的状态，见表 7-2-9。

表 7-2-9 状态显示（位数据+缩略符号）

缩略符号	意 义	缩略符号	意 义
bb	基极封锁中，表示伺服 OFF 状态	Hbb	安全功能。表示安全功能启动，伺服单元处于硬接线基极封锁状态

续表

缩略符号	意义	缩略符号	意义
run	运行中，表示伺服 ON 状态	020	警报状态，闪烁显示警报编号
Pot	禁止正转驱动状态，表示输入信号（P-OT）为开路状态	run ↕ tst	无电机测试功能运行中
not	禁止反转驱动状态，表示输入信号（N-OT）为开路状态		
□□	控制电源 ON 显示	□□	旋转检出（/TGON）显示
-□	基极封锁显示	□-	速度指令输入中显示（速度控制时）；指令脉冲输入中显示（位置控制时）
□□	速度一致显示（/V-CMP）（速度控制时）；定位完成显示（/COIN）（位置控制时）	□□	为转矩指令输入中显示（转矩控制时）；清除信号输入中显示（位置控制时）
		□.	电源准备就绪 ON 时显示

三、伺服驱动器的运行

1. 控制方式的选择

伺服驱动器的控制方式有速度控制、位置控制、转矩控制、内部设定速度控制及其组合共有十二种，可通过 Pn0000.1 进行选择。最基本的控制方式见表 7-2-10。

表 7-2-10　基本控制方式的选择

Pn000.1	控制方式	说明
n.□□0□ [出厂设定]	速度控制	通过模拟量电压速度指令来控制伺服电机的速度。适合于以下场合： ● 控制速度时； ● 使用伺服单元的编码器分频脉冲输出，通过上位装置构建位置环进行位置控制时
n.□□1□	位置控制	通过脉冲序列位置指令来控制机器的位置。以输入脉冲数来控制位置，以输入脉冲的频率来控制速度。用于需要定位动作的场合
n.□□2□	转矩控制	通过模拟量电压指令来控制伺服电机的输出转矩。用于需要输出必要的转矩时（推压动作等）
n.□□3□	内部设定速度控制	以事先在伺服单元中设定的 3 个内部设定速度为指令来控制速度。选择该控制方式时，不需要模拟量指令

2. 基本功能的参数设定

（1）使用单相电源

在单相电源使用 2R8A 型伺服单元的主回路电源时，请变更参数 Pn00b.2=1（支持单相电源输入）。参数设定见表 7-2-11。

表 7-2-11　使用单相电源的参数设定

参　数		含　义	生 效 时 间	类　别
Pn00b.2	n.□0□□ [出厂设定]	以三相电源输入使用	再次接通电源后	基本设定
	n.□1□□	以单相电源输入使用三相输入规格		

（2）伺服 ON

设定用于控制伺服电机通电/非通电的伺服 ON（/S-ON）信号。信号设定见表 7-2-12 所示，使伺服 ON 有效的参数设定见表 7-2-13。

表 7-2-12　信号设定

种　类	信 号 名	连接器针号	设　定	含　义
输入	/S-ON	CN1-40 [出厂设定]	ON（闭合）	使伺服 ON（通电），进入可运行状态
			OFF（断开）	使伺服 OFF（不通电），进入不可运行状态

表 7-2-13　使伺服 ON 有效的参数设定

参　数		含　义	生 效 时 间	类　别
Pn50A.1	n.□□0□ [出厂设定]	从 CN1-40 输入伺服 ON（/S-ON）信号	再次接通电源后	基本设定
	n.□□7□	将伺服 ON（/S-ON）信号固定为始终有效		

（3）电机旋转方向的选择

不用改变速度指令/位置指令的极性（方向指令），即可通过 Pn000.0 来切换伺服电机的旋转方向。此时，虽然电机的旋转方向发生改变，但编码器分频脉冲输出等来自伺服单元的输出信号的极性不会改变。出厂设定时的"正转方向"从伺服电机的负载侧来看是"逆时针旋转（CCW）"。电机旋转方向的选择参数设定见表 7-2-14。

表 7-2-14　电机旋转方向的选择参数设定

参　数		方向指令	电机旋转方向和编码器分频脉冲输出	有效超程 oT
Pn000	n.□□□0 以 CCW 方向为正转方向[出厂设定]	正转 指令		P-oT
		反转 指令		N-oT

参　数	方向指令	电机旋转方向和编码器分频脉冲输出	有效超程 oT
n.□□□1 以 CW 方向为 正转方向 （反转模式）	正转 指令		P-oT
	反转 指令		N-oT

（4）超程防止功能

伺服单元的超程防止功能是指当机械的运行部件超出安全移动范围时，通过输入限位开关的信号，使伺服电机强制停止的安全功能。圆台和输送机等旋转型用途，有时无需超程功能，此时也无需超程用的输入信号接线。

信号设定见表 7-2-15 所示，超程防止功能的有效/无效的设定见表 7-2-16。

表 7-2-15　信号设定

种　类	信　号　名	连接器针号	设　定	含　义
输入	P-OT	CN1-42	ON	可正转驱动（通常运行）
			OFF	禁止正转驱动（正转侧超程）
	N-OT	CN1-43	ON	可反转驱动（通常运行）
			OFF	禁止反转驱动（正转侧超程）

表 7-2-16　超程防止功能的有效/无效的设定

参　数		含　义	生 效 时 间	类　别
Pn50A	n.2□□□ [出厂设定]	从 CN1-42 输入禁止正转驱动信号（P-OT）	再次接通电源后	基本设定
	n.8□□□	禁止正转驱动信号无效，始终允许正转侧驱动		
Pn50B	n.□□□3 [出厂设定]	从 CN1-43 输入禁止反转驱动信号（P-OT）		
	n.□□□8	禁止反转驱动信号无效，始终允许反转侧驱动		

四、位置控制模式

1. 位置控制模式的基本设定

（1）指令脉冲形态的设定

指令脉冲形态的设定为 Pn200.0，见表 7-2-17。

表 7-2-17　指令脉冲形态的设定

参数		指令脉冲形态	输入倍增	正转指令	反转指令
Pn200	n.□□□0 [出厂设定]	符号+脉冲序列（正逻辑）	—		
	n.□□□1	CW+CCW 脉冲序列（正逻辑）	—		
	n.□□□2	90°相位差二相脉冲	1 倍		
	n.□□□3		2 倍		
	n.□□□4		4 倍		
	n.□□□5	符号+脉冲序列（负逻辑）	—		
	n.□□□6	CW+CCW 脉冲序列（负逻辑）	—		

（2）输入滤波器的选择

输入滤波器的选择设定参数为 Pn200.3，见表 7-2-18。

表 7-2-18　输入滤波器的选择

参　数		含　义	生 效 时 刻	类　别
Pn200	n.0□□□ [出厂设定]	使用线性驱动信号用指令输入滤波器 1（～1Mpps）	再次接通电源后	基本设定
	n.1□□□	使用集电极开路信号用指令输入滤波器（～200kpps）		
	n.2□□□	使用线性驱动信号用指令输入滤波器 2（1Mpps～4Mpps）		

（3）典型电路

图 7-2-7 中，（a）图为伺服电机基本连接图，（b）图为伺服单元 CN1 接口连线图。

2. 电子齿轮的设定

电子齿轮提供简单易用的行程比例变更。当电子齿轮比 $B/A=1$ 时，上位机（PLC）命令端每个脉冲所对应到电动机转动脉冲为 1 个脉冲；当电子齿轮比 $B/A=1/2$ 时，命令端每两个脉冲所对应到电动机转动脉冲为 1 个脉冲。

SGMJV-04ADE6S 型伺服电机的编码器为 20 位增量型的，其分辨率为 $2^{20}=1048576$。即，上位机发送 1048576 个脉冲，当电子齿轮比 $B/A=1$ 时，伺服电机旋转 1 圈；当电子齿轮比 $B/A=1/2$ 时，伺服电机旋转 0.5 圈。因此，伺服电机转动 1 圈，上位机（PLC）所需发送的脉冲数可以用以下公式计算：

$$[每转脉冲数 N_0]=[分辨率]÷[电子齿轮比]$$

脉冲频率与伺服电机转速之间的关系是：

$$[脉冲频率 f（Hz）]=[电机转速 n（r/s）]×[每转脉冲数 N_0]$$

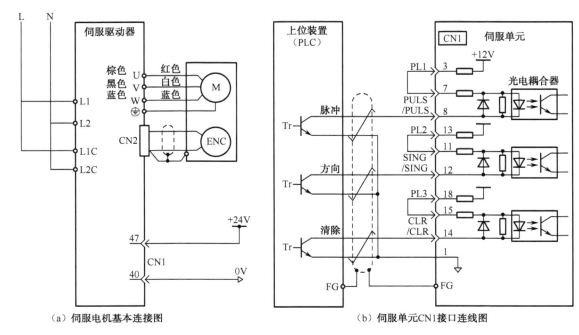

（a）伺服电机基本连接图　　　　　　　（b）伺服单元CN1接口连线图

图 7-2-7　集电极开路输出的连接示例图

从上位机发送脉冲到伺服电机接收转动脉冲的过程可用如图 7-2-8 所示的框图表示。通过 Pn20E 和 Pn210 参数设定可变更电子齿轮比 B/A，见表 7-2-19。

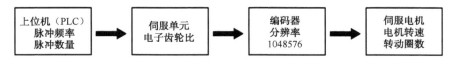

图 7-2-8　脉冲发送过程示意图

表 7-2-19　电子齿轮比的设定

电子齿轮比		设 定 范 围	设 定 单 位	出 厂 设 定	生 效 时 刻	类　　别
$\dfrac{B}{A}$	Pn20E	1～1073741842	1	4	再次接通电源后	基本设定
	Pn210	1～1073741842	1	1		

注：电子齿轮比的设定范围为 0.001≤电子齿轮比（B/A）≤4000。若超出该设定范围时，将发生"参数设定异常（A.040）警报"

 完成工作任务指导

一、控制电路的安装

在 YL-163A 型电机装配与运行检测实训装置中的多网孔板上完成控制电路的安装。完成控制电路的安装任务的方法和步骤如下：

1. 工具耗材准备

工业线槽、1.0mm² 红色和蓝色多股软导线、1.0mm 黄绿双色 BVR 导线、0.75mm² 黑色和蓝色多股导线、冷压接头 SVϕ1.5-4、缠绕带、捆扎带、螺丝刀、剥线钳、压线钳、斜口钳、万用表等。

2. 元器件的选择与检测

根据控制电路原理图，本次控制电路的安装与调试任务所需要的元器件有：三菱可编程控制器 FX3U-32M、交流伺服电动机、伺服电动机驱动器、单相 220V 电源、扭矩传感器、磁粉制动器。

对以上所列的所有器件进行型号、外观、质量等方面的检测。

3. 线槽和元器件的安装

线槽安装方法与项目一任务二中图 1-2-2 所示的相同。将已检测好的元器件按图 7-2-2 所示的电器元件布置图进行排列，并安装固定，如图 7-2-9 所示。

4. 连接控制电路板上的线路

根据测试用电气控制原理图，按接线工艺规范的要求完成：

（1）主电源与 PLC、伺服电机驱动器之间连接电路的接线。

（2）PLC 输入端子（X）与按钮开关模块、输出端子（Y）与驱动器输入端子连接电路的接线。

（3）伺服驱动器与交流伺服电动机连接电路的接线。

（4）CN1、CN2 数据线的连接。

整理好导线并将线槽盖板盖好。连接好的线路如图 7-2-10 所示。接线工艺规范的要求：

◇ 连接导线选用正确、电路各连接点连接可靠、牢固、不压皮不露铜。

◇ 进接线排的导线都需要套好号码管并编号。

◇ 同一接线端子的连接导线最多不能超过 2 根。

图 7-2-9　电器元件的安装　　　　图 7-2-10　控制电路的接线

在编写 PLC 控制程序之前，先对接好的电路板进行电气检测。

二、PLC 控制程序的编写

1. 分析控制要求，画出自动控制的工作流程图

根据控制要求,梯形图程序采用选择性分支与汇合的流程图,工作流程图如图 7-2-11 所示。

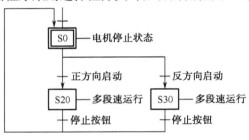

图 7-2-11　工作流程图

2. 编写 PLC 控制程序

　根据所画出的流程图的特点，确定编程思路。本次任务要求的工作过程是在选择正转或反转启动按钮后，电动机将以相应的速度和方向运行。根据这一特点，我们把正转和反转分别设定在步 S20、S30 中，当按下停止按钮时，状态汇合至 S0 状态，即停止状态。步进指令梯形图程序如图 7-2-12 所示。

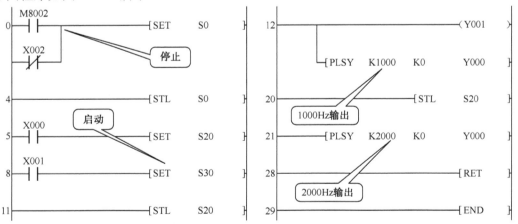

图 7-2-12　步进指令梯形图程序

三、调试控制电路

　检查电路正确无误后，将设备电源控制单元的单相 220V 电源连接到控制电路板端子排上。接通电源总开关，按下电源启动按钮，连接通信线，下载 PLC 程序。

　按照工作任务描述按下正转（或反转）启动按钮，检查电动机是否以相对应的速度和方向运行，检查电动机的运行情况是否会变化。

四、交流伺服电动机的运行检测

按照任务一的方法和步骤在电机测试平台上装配步进电动机，完成调试任务后进行运行检测，测试伺服电动机转速与频率的关系。

测试的方法与步骤如下：

① 闭合实训台的电源总开关，连接好 PLC 与触摸屏的通信线。

② 伺服驱动器参数设置。

◇ Pn000=n.0010。选择位置控制模式、旋转方向以 CCW 方向为正转方向（出厂值）。

◇ Pn00b=n.0100。选择单相电源输入使用。

◇ Pn200=n.1000。滤波器选择为使用集电极开路信号用指令输入滤波器；指令脉冲形态为"符号+脉冲，正逻辑"。

◇ Pn50A=8100。P-OT 信号分配设置为"将信号一直固定为正转可驱动"、Pn50B=6548 N-OT 信号分配设置为"将信号一直固定为反转可驱动"。

◇ Pn20E=2000。设置电子齿轮比（分子）、Pn210=1 设置电子齿轮比（分母）。

伺服驱动器参数设定完后，断开驱动器电源再次接通电源。

② 按下 S1 按钮，伺服电动机启动，待电动机速度稳定后，从仪表盘上读出转速数值。测量后按下 S3 停止按钮，让电动机停止运行。

③ 按下 S2 按钮，待电动机启动速度稳定后，从仪表盘上读出电动机的转速。

④ 记录测量的数据，并填写在表 7-2-20 中。

⑤ 测试任务完成后，关闭实训台的总电源开关，整理实训台。

⑥ 绘制伺服电动机的转速 n 随频率 f 变化的关系曲线 $n=f(f)$，如图 7-2-13 所示。

表 7-2-20 伺服电机转速—频率关系测试数据表 测试条件：空载

脉冲频率 f（Hz）	1000	20000
转速 n（r/min）		

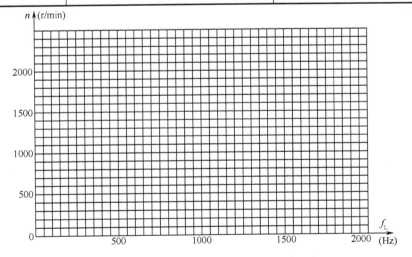

图 7-2-13 伺服电动机转速—频率关系曲线

安全提示:

　　在完成工作任务全过程中，必须确保安全用电，必须在确定电机安全防护盖已盖好后才能通电检测。在拆卸电路前必须断开实训台的总电源。

【思考与练习】

1. 本次任务的 PLC 程序与项目五任务二的程序有什么不同呢?

2. 伺服电动机的转速与脉冲频率的比值是不是一个常量? 比值的大小与什么因素有关?

3. 试用触摸屏控制交流伺服电动机的多段速度运行，请你完成以下工作任务:

（1）选择按钮开关指示灯盒中 S1、S3 分别作启动和停止按钮。

（2）触摸屏上设有 速度 1 至 速度 8 速度选择按钮、 启动 按钮和 停止 按钮。速度切换必须在电动机停止后才能重新选择。

（3）速度 1 至速度 8 给定的脉冲频率可设定为 500Hz、1000Hz、1500Hz、2000Hz、2500Hz、3000Hz、3500Hz、4000Hz。

（4）伺服驱动器的参数设置: 电子齿轮比设置为 2000∶1，其他参数参照任务二的设置方法。

（5）测试电动机的转速与频率的关系，并根据测得的数据绘制转速与频率关系曲线，如图 7-2-12 所示。

4. 请你填写完成步进电动机的运行检测工作任务评价表（表 7-2-21）。

表 7-2-21　完成步进电动机的运行检测工作任务评价表

序　号	评 价 内 容	配　　分	自 我 评 价	老 师 评 价
1	线槽尺寸及安装工艺是否符合要求	10		
2	元器件的选择、安装工艺是否符合要求	10		
3	电路导线的连接是否按安装工艺规范要求进行	10		
4	检查电路时，是否有漏接、接错、短接等现象	20		
5	你所编写的 PLC 梯形图程序是否能满足本次工作任务要求	20		
6	交流伺服电动机的运行检测的结论:	20		
7	完成工作任务的全过程是否安全施工、文明施工	10		
	合　　计	100		

任务三　交流伺服电动机在速度控制模式下的运行检测

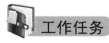 工作任务

　　在任务一中我们完成了交流伺服电动机的装配，如图 7-1-5 所示。现在通过触摸屏控制

交流伺服电动机的运行，检测交流伺服电动机的转速与控制电压的关系；检测交流伺服电动机的转速与转矩的关系。检测用电气原理图如图 7-3-1 所示。

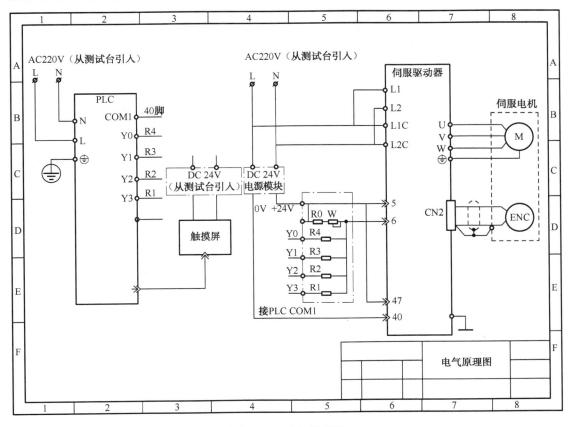

图 7-3-1　电气原理图

请你按要求完成下列任务：

（1）根据电气原理图正确选择元器件，按图 7-3-2 所示的电器元件布置图排列并紧固安装。

（2）根据电气原理图，按接线工艺规范要求连接好电路。

（3）编写触摸屏及 PLC 程序。触摸屏画面如图 7-3-3 所示。

触摸屏控制要求：触摸屏上的 速度1 到 速度8 按钮对应预先设置的一个速度（电阻调压模块的电阻组合）。

启动伺服电动机前，先选择速度按钮，再按下 启动 按钮，电机将按选定的速度运行。此时，按下其他速度按钮均无效。只有在按下 停止 按钮，伺服电动机停止转动时才能再次选择其他速度。

（4）根据要求进行通信连接下载程序，调试设备达到控制要求。

（5）检测交流伺服电动机转速与控制电压、转速与转矩之间的关系。

（6）绘制 $n=f(u)$、$n=f(T_L)$ 特性曲线。

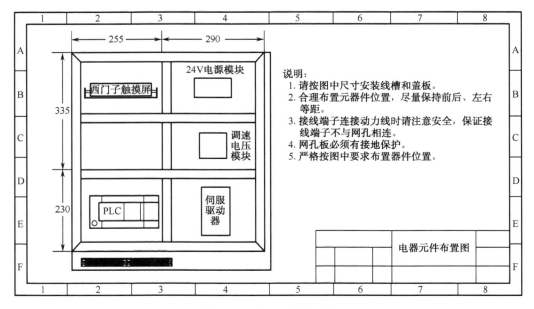

图 7-3-2　电器元件布置图

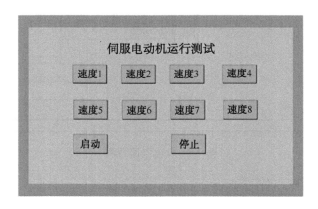

图 7-3-3　触摸屏画面

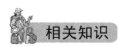 相关知识

一、速度控制模式

1. 速度控制的基本设定

为了以与输入电压成正比的速度，对伺服电机进行速度控制，需要设定速度指令输入信号。输入信号设定见表 7-3-1。

速度指令输入的最大输入电压为 DC±12V，当设定参数 Pn300=006.00，输入电压 6.00V 时，电机额定转速为 3000min^{-1}（出厂值）。速度指令输入值见表 7-3-2。

表 7-3-1 速度指令输入信号设定

种 类	信 号 名	连接器针号	含 义
输入	V-REF	CN1-5	速度指令输入信号
	SG	CN1-6	速度指令输入信号用信号接地

表 7-3-2 速度指令输入值设定

速度指令输入	旋 转 方 向	速 度	SGMJV 型伺服电机
+6V	正转	额定转速	3000min^{-1}
−3V	反转	1/2 额定转速	-1500min^{-1}
+1V	正转	1/6 额定转速	500min^{-1}

2. 速度控制的典型电路

通过可编程控制器等上位装置进行速度控制时，请连接在上位装置的速度指令输出端子上。为抑制噪声，电线请务必使用双股绞合线。速度控制方式的典型电路如图 7-3-4 所示。

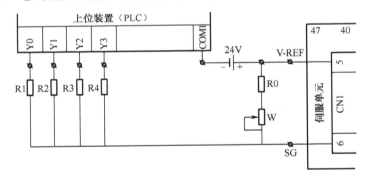

图 7-3-4 速度控制方式的典型电路

3. 指令偏差的自动调整

使用速度控制方式时，即使指令输入值设定为 0V，伺服电机也有可能微速旋转，这是因为伺服单元内部的指令发生了微小偏差，这种微小偏差被称为"偏置"。

伺服电机发生微速旋转时，需要使用偏置量的调整功能来消除偏置量。偏置调整有自动调整和手动调整两种方式。自动调整使用指令偏置的自动调整（Fn009）；手动调整使用指令偏置的手动调整（Fn00A）。指令偏差的调整如图 7-3-5 所示。

自动调整指令偏置是测量偏置量后对指令电压进行自动调整的方法。测得的偏置量将被保存在伺服单元中。执行指令偏置的自动调整前，请先确认：参数禁止写入功能（Pn010）未设为"禁止写入"；伺服为 OFF 状态。否则，操作中会显示"NO-OP"。

即使执行参数设定值初始化（Fn005），调整值也不能被初始化。使用面板操作器执行指令偏置量自动调整的步骤见表 7-3-3。

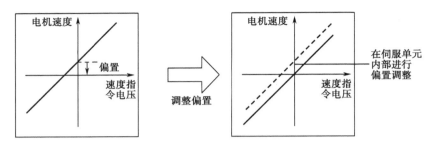

图 7-3-5　指令偏差的调整

表 7-3-3　指令偏差的自动调整 Fn009 的设定

步骤	操作后的面板显示	使用的按键	操作说明
1			使伺服 OFF，从上位装置或外部回路输入 0V 指令电压。 上位装置　　0V速度指令　伺服单元　伺服电机 伺服OFF　　伺服ON时，电机微旋转
2	Fn000	MODE/SET	按 MODE/SET 键选择辅助功能
3	Fn009	UP/DOWN	按 UP/DOWN 键显示"Fn009"
4	rEF_o	DATA/SHIFT	按按 DATA/SHIFT 键约 1 秒钟显示"rEF-o"
5	rEF_o	MODE/SET	按 MODE/SET 键后，"done"闪烁约 1s，然后切换为左图的显示
6	Fn009	DATA/SHIFT	按 DATA/SHIFT 键约 1s，则返回"Fn009"的显示

4. 软启动

软启动功能是指将步进状速度指令，转换为较为平滑的恒定加减速的速度指令，可设定加速时间和减速时间。在速度控制（包括内部设定速度控制）时希望实现平滑的速度控制时使用该功能。通常的速度控制下请设定为"0[出厂设定]"。伺服电机带负载试车时发现停车时有"过电压"警报，所以应适当调整软启动时间，见表 7-3-4。

表 7-3-4　软启动加减速时间的设定

Pn305	软启动加速时间			速度	类别
	设定范围	设定单位	出厂设定	生效时刻	
	0～10000	1ms	0	即时生效	基本设定
Pn306	软启动减速时间			速度	类别
	设定范围	设定单位	出厂设定	生效时刻	
	0～10000	1ms	0	即时生效	基本设定

软启动加速时间（Pn305）是指从电机停止状态到达电机最高速度所需的时间；软启动减速时间（Pn306）是指从电机最高速度到电机停止时所需的时间。而电机实际的加（减）速时间应为"Pn305（Pn306）×目标速度÷最高速度"。

二、调整功能

1. 调整

调整（调谐）是优化伺服单元响应性的功能。响应性取决于伺服单元中设定的伺服增益。

伺服增益是通过多个参数（速度环增益、位置环增益、滤波器、摩擦补偿、转动惯量比等）的组合进行设定，彼此之间相互影响。因此，伺服增益的设定必须考虑到各个参数值之间的平衡。

一般情况下，刚性高的机械可通过提高伺服增益来提高响应性。但对于刚性低的机械，当提高伺服增益时，可能会产生振动，从而无法提高响应性。此时，可以通过伺服单元的各种振动抑制功能来抑制振动。

伺服增益的出厂设定为稳定的设定，可根据用户机械的状态，使用表 7-3-5 所示的与调整相关的辅助功能来调整伺服增益，以进一步提高响应性。

使用该功能后，上述的多个参数将被自动调整，因此通常无需单独调整。

表 7-3-5 与调整相关的辅助功能说明

序　号	与调整相关的辅助功能	概　　要	可使用的控制方式
1	免调整（Fn200）	出厂时该功能的设定有效。无论机械种类及负载波动如何，都可以获得稳定的响应	速度控制、位置控制
2	高级自动调谐（Fn201）	在按照伺服单元的内部指令自动运行的同时，进行以下自动调整： ● 转动惯量比 ● 增益 ● 滤波器 ● 摩擦补偿 ● A 型抑振控制 ● 振动抑制	速度控制、位置控制
3	指令输入型高级自动调谐（Fn202）	从上位装置输入位置指令，在运行的同时，进行以下自动调整： ● 增益 ● 滤波器 ● 摩擦补偿 ● A 型抑振控制 ● 振动抑制	位置控制

续表

序　号	与调整相关的辅助功能	概　　要	可使用的控制方式
4	单参数调谐（Fn203）	从上位装置输入位置指令或速度指令，在运行的同时，进行以下自动调整： ● 增益 ● 滤波器 ● 摩擦补偿 ● A 型抑振控制	速度控制、位置控制
5	A 型抑振控制功能 （Fn204）	用来抑制持续振动的功能	速度控制、位置控制
6	振动抑制功能（Fn205）	用来抑制定位时产生的余振的功能	位置控制

2. 免调整值的设定

免调整值（Fn200）设定的方法与步骤见表 7-3-6。

表 7-3-6　指令偏差的自动调整 Fn009 的设定

步　骤	操作后的面板显示	使用的按键	操　作　说　明
1	Fn000		按 MODE/SET 键选择辅助功能
2	Fn200		按 UP/DOWN 键显示"Fn200"
3	d0001 负载值 0：小负载、1：中负载 2：大负载		按 DATA/SHIFT 键约 1s，切换到免调整值的负载值设定画面。 在容许负载转动惯量以上的情况下使用时，请按 UP 键，将负载值变更为"2"
4	L0004		按 MODE/SET 键，切换到免调整值的刚性值设定画面
5	L0004 刚性值		按 UP 或 DOWN 键选择刚性值。 在"0～4"的范围内选择刚性值。数字越大增益越高，响应性也就越高（出厂设定为 4）。 刚性值过大时，可能会产生振动，此时请降低刚性值。 发生高频音时，请按 DATA/SHIFT 键，将陷波滤波器的频率自动调整为振动频率
6	L0004		按 MODE/SET 键，状态显示将变为"done"并闪烁约 1s，然后显示"L004"。设定被保存在伺服单元内
7	Fn200		按 DAT/SHIFT 键约 1s，则返回"Fn200"的显示

注：出厂时免调整功能设为"有效"（Pn170.0=1）。设定 Fn200 即变更刚性值（相当于 Pn170.2）及负载值（相当于 Pn170.3）

三、辅助功能

辅助功能显示为以 Fn 开关的编号，执行伺服电机的运行、调整相关的功能。这里仅介绍 JOG 运行、程序 JOG 运行及参数初始化的辅助功能。

1. JOG 运行

JOG 运行（Fn002）是指不连接上位装置而通过速度控制来确认伺服电机动作的功能。参数的设定见表 7-3-7；进入 JOG 运行的操作步骤见表 7-3-8。

表 7-3-7　JOG 运行参数设定

序　号	参　数	功能/参数	出　厂　值	设　定　值	生　效　时　刻
1	Pn00b	电源输入选择 □X□□ 0：三相电源 200V 1：单相电源 200V	n.0000	n.0100	再次接通电源后
2	Pn000	旋转方向选择 □□□X 0：以 CCW 方向为正转方向 1：以 CW 方向为正转方向	n.0000 （正转指令使电机正转）	n.0000	再次接通电源后
		控制模式选择 □□X□ 0：速度模式	n.□□0□	n.□□0□	再次接通电源后
3	Pn304	JOG 速度	500min⁻¹		即时生效
4	Fn002	进入点动 JOG 运行操作			

表 7-3-8　进入 JOG 运行操作

步　骤	操作后的面板显示	使用的按键	操　作　说　明
1	Fn000		按 MODE/SET 键选择辅助功能
2	Fn002		按 UP/DOWN 键显示"Fn002"
3	JoG		按 DATA/SHIFT 键约 1s，显示内容如左图
4	JoG		按 MODE/SET 键进入伺服 ON 状态
5	JoG		按 UP 键（正转）或 DOWN（反转）。在按键期间，伺服电机按照 Pn304 设定的速度旋转 电机正转　电机反转
6	JoG		按 MODE/SET 键进入伺服 OFF 状态（也可以按 DATA/SHIFT 键约 1s，使伺服 OFF）

续表

步　　骤	操作后的面板显示	使用的按键	操 作 说 明
7	Fn002		按 DATA/SHIFT 键约 1s，返回"Fn002"的显示
8	JOG 运行结束后，重新接通伺服单元的电源		
确认事项	● JOG 运行过程中超程防止功能无效； ● 参数写入功能（Fn010）未设为"禁止写入"； ● 主回路电源 ON； ● 未发生警报； ● 硬接线基极封锁功能（HWBB）无效； ● 伺服为 OFF 状态； ● 设定 JOG 速度时，必须考虑所用机械的运行范围等。JOG 速度通过 Pn304 进行设定		

2．程序 JOG 运行

程序 JOG 运行（Fn004）是指通过事先设定的运行模式、移动距离、移动速度、加减速时间、移动次数连续运行的功能。设定时也是不连接上位装置，可以确认伺服电机的动作，执行简单的定位动作。参数设定见表 7-3-9；运行操作见表 7-3-10。

表 7-3-9　程序 JOG 运行参数设定

序　号	参　数	功能/参数	出　厂　值	设　定　值	生　效　时　刻
1	Pn00b	电源输入选择 □X□□ 0：三相电源 200V 1：单相电源 200V	n.0000	n.0100	再次接通电源后
2	Pn000	旋转方向选择 □□□X 0：以 CCW 方向为正转方向 1：以 CW 方向为正转方向	n.0000 （正转指令使电机正转）	n.0000	再次接通电源后
3	Pn20E	电子齿轮比（分子）	4		再次接通电源后
4	Pn210	电子齿轮比（分母）	1		再次接通电源后
5	Pn50A	是否禁止正转驱动	2100	n.8□□□	再次接通电源后
6	Pn50B	是否禁止反转驱动	6543	n.□□□8	再次接通电源后
7	Pn530	程序 JOG 运行类开关□□□X X=0～5，其中 0：正转移动/按▲键启动 1：反转移动/按▼键启动	0000		即时生效
8	Pn531	程序 JOG 移动距离（脉冲数）	32768		即时生效
9	Pn533	程序 JOG 移动速度	500		即时生效

续表

序　号	参　数	功能/参数	出　厂　值	设　定　值	生　效　时　刻
10	Pn534	程序 JOG 加减速时间	100ms		即时生效
11	Pn535	程序 JOG 等待时间	100ms		即时生效
12	Pn536	程序 JOG 移动次数	1		即时生效

表 7-3-10　程序 JOG 运行操作

步　骤	操作后的面板显示	使用的按键	操作说明
1	Fn000		按 MODE/SET 键选择辅助功能
2	Fn004		按 UP/DOWN 键显示"Fn004"
3	PJOG		按 DATA/SHIFT 键约 1s，显示内容如左图
4	PJOG		按 MODE/SET 键进入伺服 ON 状态
5	PJOG		按符合运行模式的最初动作方向的 UP 或 DOWN 键，则经过设定的等待时间（Pn535）后开始动作 ＜补充＞ ● 如果在运行中按 MODE/SET 键，则进入伺服 OFF 状态，电机停止运行； ● 如果在运行中按 DATA/SHIFT 键约 1s，则返回步骤 2
6	PJOG		如果程序 JOG 运行结束，则闪烁显示"End"后返回左图的显示 ＜补充＞ ● 如果在运行中按 MODE/SET 键，则进入伺服 OFF 状态，返回步骤 3； ● 如果在运行中按 DATA/SHIFT 键约 1s，则返回步骤 2
7	结束程序运行后，重新接通伺服单元的电源		
确认事项	● 参数写入功能（Fn010）未设为"禁止写入"； ● 主回路电源 ON； ● 未发生警报； ● 硬接线基极封锁功能（HWBB）无效； ● 伺服为 OFF 状态； ● 设定移动距离及移动速度时，必须考虑所用机械的运行范围及安全移动速度。JOG 速度通过 Pn533 进行设定； ● 未发生超程 补充事项 ● 程序 JOG 运行虽为位置控制，但无法向伺服单元输入脉冲指令； ● 可以执行位置指令滤波等可通过位置控制使用的功能； ● 超程防止功能生效； ● 使用绝对值编码器时，SEN 信号常时有效，所以无须输入； ● 指令脉冲输入倍率切换功能变为无效； ● 将 Pn536（移动次数）设为"0"时，可进行无限次运行。要结束无限次运行时，请按 MODE/SET 键，使伺服 OFF		

3. 参数设定值的初始化

将参数恢复为出厂设定时使用的功能为 Fn005。操作步骤见表 7-3-11。

表 7-3-11　参数设定值的初始化

步　骤	操作后的面板显示	使用的按键	操　作　说　明
1	Fn000		按 MODE/SET 键选择辅助功能
2	Fn005		按 UP/DOWN 键显示"Fn005"
3	P.Init		按 DATA/SHIFT 键约 1s，显示内容如左图
4	P.Init		按 MODE/SET 键，进行参数的初始化。初始化结束后，"done"闪烁显示后返回左图的显示
5	参数设定值的初始化结束后，再次接通伺服单元的电源		
确认事项	● 参数设定值初始化必须在伺服 OFF 的状态下执行，在伺服 ON 的状态下无法执行。 但是，即使执行该功能，利用参数 Fn009、Fn00A、Fn00C、Fn00D、Fn00E、Fn00F 调整的值也不会被初始化。 ● 参数写入功能（Fn010）未设为"禁止写入"。 ● 伺服为 OFF 状态		

四、警报一览表

警报一览表见表 7-3-12，表中按照警报编号的顺序，列出了警报名称、警报内容、发生警报时的停止方法、警报复位可否、警报代码输出等内容。

Gr.1：警报时的停止方法取决于 Pn0001.0，出厂设定为动态制动器（DB）停止。

Gr.2：警报时的停止方法取决于 Pn00B.1，出厂设定为速度指令为零的零速停止。

转矩控制时，一般使用 Gr.1 的停止方法。通过设定 Pn00B.1=1，可以设定与 Gr.1 相同的停止方法。

表 7-3-12　警报一览表

警报编号	警报名称	警报内容	警报时的停止方法	警报复位可否	警报代码输出		
					AL01	AL02	AL03
A.020	参数和校验异常	伺服单元内部参数的数据异常	Gr.1	否	H	H	H
A.021	参数格式化异常	伺服单元内部参数的数据格式异常	Gr.1	否	H	H	H
A.022	系统和校验异常	伺服单元内部参数的数据异常	Gr.1	否	H	H	H
A.030	主回路检出部异常	主回路的各种检出数据异常	Gr.1	可	H	H	H
A.040	参数设定异常	超过设定范围	Gr.1	否	H	H	H
A.041	分频脉冲输出设定异常	编码器分频脉冲数（Pn212）不符合设定范围或设定条件	Gr.1	否	H	H	H

警报编号	警报名称	警报内容	警报时的停止方法	警报复位可否	警报代码输出		
					AL01	AL02	AL03
A.042	参数组合异常	多个参数的组合超出设定范围	Gr.1	否	H	H	H
A.0b0	伺服 ON 指令无效警报	执行了电机通电辅助功能后，从外部输入了伺服 ON（/S-ON）信号	Gr.1	可	H	H	H
A.100	过电流检出	过电流流过了功率晶体管或散热片过热	Gr.1	否	L	H	H
A.330	主回路电源接线错误	● AC 输入/DC 输入的设定错误 ● 电源接线错误	Gr.1	可	L	L	H
A.400	过电压	主回路 DC 电压异常高	Gr.1	可	H	H	L
A.410	欠电压	主回路 DC 电压不足	Gr.1	可	H	H	L
A.510	过速	电机速度为最高速度以上	Gr.1	可	L	L	L
A.511	分频脉冲输出过速	超过了设定的编码器分频脉冲数的脉冲输出速度上限	Gr.1	可	L	H	L
A.520	振动警报	检出电机速度异常振动	Gr.1	可	L	H	L
A.710	过载（瞬时最大负载）	以大幅度超过额定值的转矩运行了数秒至数十秒	Gr.2	可	L	L	L
A.720	过载（连续最大负载）	以超过额定值的转矩连续运行	Gr.1	可	L	L	L
A.7A0	散热片过热	伺服单元的散热片温度超过了 100℃	Gr.2	可	L	L	L
A.F10	电源线缺相	在主电源 ON 的状态下，R、S、T 相中某一相的低电压状态持续了 1s 或以上	Gr.2	可	H	L	H
FL-1 FL-2	系统报警	发生了伺服单元内部程序异常	—	否	不确定		
A.- -	非错误显示	正常动作状态	—	—	H	H	H

 完成工作任务指导

一、控制电路的安装

在 YL-163A 型电机装配与运行检测实训装置中的多网孔板上完成控制电路的安装。完成控制电路的安装任务的方法和步骤如下：

1. 工具耗材准备

工业线槽、1.0mm² 红色和蓝色多股软导线、1.0mm 黄绿双色 BVR 导线、0.75mm² 黑色和蓝色多股导线、冷压接头 SVϕ1.5-4、缠绕带、捆扎带、螺丝刀、剥线钳、压线钳、斜口钳、万用表等。

2．元器件的选择与检测

根据控制电路原理图，本次控制电路的安装与调试任务所需要的元器件有：三菱可编程控制器 FX3U-32M、交流伺服电动机、伺服电动机驱动器、电阻调压模块、单相 220V 电源、扭矩传感器、磁粉制动器。

对以上所列的所有器件进行型号、外观、质量等方面的检测。

3．线槽和元器件的安装

线槽安装方法与项目一任务二中图 1-2-2 所示的相同。将已检测好的元器件按图 7-3-2 所示的电器元件布置图进行排列，并安装固定，如图 7-3-6 所示。

4．连接控制电路板上的线路

根据测试用电气控制原理图，按接线工艺规范的要求完成：

（1）主电源与 PLC、伺服驱动器之间连接电路的接线。

（2）PLC 输出端子（Y）与电阻调压模块、驱动器输入端子连接电路的接线。

（3）伺服驱动器与交流伺服电动机连接电路的接线。

（4）从实训台上引入 DC 24V 直流电源与触摸屏电源接口连接。

（5）CN1、CN2 数据线的连接。

整理好导线并将线槽盖板盖好。连接好的线路如图 7-3-7 所示。接线工艺规范的要求：

◇ 连接导线选用正确、电路各连接点连接可靠、牢固、不压皮不露铜。

◇ 进接线排的导线都需要套好号码管并编号。

◇ 同一接线端子的连接导线最多不能超过 2 根。

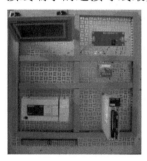　　　　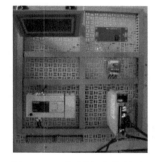

图 7-3-6　电器元件的安装　　　　图 7-3-7　控制电路的接线

在编写 PLC 控制程序之前，先对接好的电路板进行电气检测。

二、触摸屏程序的编写

1．定义按钮的变量

根据如图 7-3-3 所示的触摸屏控制画面，画面上共有 10 个按钮，包含速度选择按钮 速度1 至 速度8，控制电动机启动的 启动 按钮和控制停止的 停止 按钮。根据控制要求，设置各个按钮的变量见表 7-3-13。

表 7-3-13 定义按钮变量

序号	按钮名称	变量	内部变量	序号	按钮名称	变量	内部变量
1	停止	M0	——	6	速度5	M5	内部变量－15
2	速度1	M1	内部变量－11	7	速度6	M6	内部变量－16
3	速度2	M2	内部变量－12	8	速度7	M7	内部变量－17
4	速度3	M3	内部变量－13	9	速度8	M8	内部变量－18
5	速度4	M4	内部变量－14	10	启动	M9	内部变量－19

2. 建立变量表

在选择好通信驱动程序 Mitsubishi Fx 后，建立变量表，见表 7-3-14。

3. 设置按钮组态

设置按钮组态主要包括常规、属性、动画、事件等内容，设置方法及步骤与项目二任务三的相同，这里不再复述。

表 7-3-14 变量表

名称	连接	数据类型	地址	注释
变量_1	连接_1	Bit	M0	停止按钮
变量_2	连接_1	Bit	M1	速度1
变量_3	连接_1	Bit	M2	速度2
变量_4	连接_1	Bit	M3	速度3
变量_5	连接_1	Bit	M4	速度4
变量_6	连接_1	Bit	M5	速度5
变量_7	连接_1	Bit	M6	速度6
变量_8	连接_1	Bit	M7	速度7
变量_9	连接_1	Bit	M8	速度8
变量_10	连接_1	Bit	M9	起动
变量_11	<内部变量>	Bool	<没有地址>	速度1按钮动画标态
变量_12	<内部变量>	Bool	<没有地址>	速度2按钮动画标态
变量_13	<内部变量>	Bool	<没有地址>	速度3按钮动画标态
变量_14	<内部变量>	Bool	<没有地址>	速度4按钮动画标态
变量_15	<内部变量>	Bool	<没有地址>	速度5按钮动画标态
变量_16	<内部变量>	Bool	<没有地址>	速度6按钮动画标态
变量_17	<内部变量>	Bool	<没有地址>	速度7按钮动画标态
变量_18	<内部变量>	Bool	<没有地址>	速度8按钮动画标态
变量_19	<内部变量>	Bool	<没有地址>	起动按钮动作标态

三、PLC 控制程序的编写

1. 分析控制要求，画出自动控制的工作流程图

分析控制要求不难发现，工作过程可分为速度选择、多段速运行及停止状态，停止状态也就是初始状态。电动机运行后速度不能切换的要求由触摸屏来设定，与 PLC 无关。工作流

程图如图 7-3-8 所示。工作流程图中的 S0 为停止状态；S20 为多段速运行状态，多段速度选择则由步外执行。

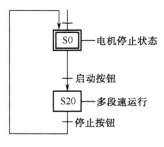

图 7-3-8　工作流程图

2. 编写 PLC 控制程序

根据所画出的流程图的特点，确定编程思路。本次任务要求的工作过程是在选择速度按钮后，按下启动按钮，电动机将以相应的速度运行。根据这一特点，我们把速度选择编辑在步进指令外。步进指令梯形图程序如图 7-3-9 所示。

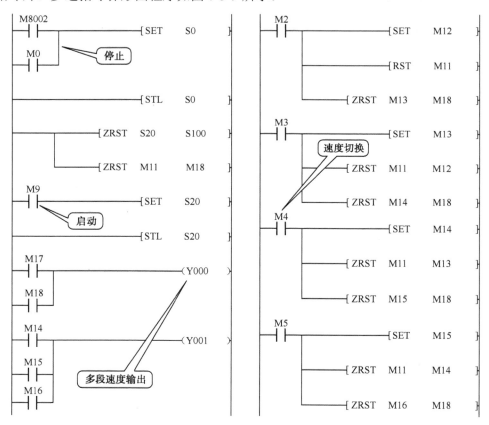

图 7-3-9　步进指令梯形图程序

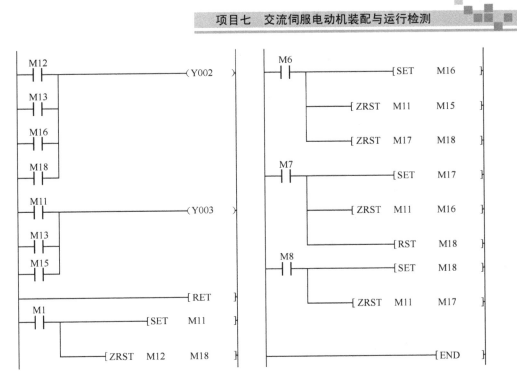

图 7-3-9　步进指令梯形图程序（续）

四、调试控制电路

检查电路正确无误后，将设备电源控制单元的单相 220V 电源连接到控制电路板端子排上。接通电源总开关，按下电源启动按钮，连接 PLC、触摸屏的通信线，下载 PLC 及触摸屏程序。

按照工作任务描述按下速度按钮后再按下启动按钮，检查电动机是否以相对应的速度运行，继续按下其他速度按钮，检查电动机的运行情况是否会变化。

五、交流伺服电动机的运行检测

按照任务一的方法和步骤在电机测试平台上装配交流伺服电动机。完成调试任务后进行运行检测。

1. 检测交流伺服电动机转速与控制电压的关系

测试的方法与步骤如下：
① 闭合实训台的电源总开关，连接好 PLC 与触摸屏的通信线。
② 设置伺服驱动器的参数。
◇ Pn000=n.0000。选择速度控制模式（出厂值）、旋转方向以 CCW 方向为正转方向（出厂值）。
◇ Pn00b=n.0100。选择单相电源输入使用。

◇ Pn200=n.1000。滤波器选择为使用集电极开路信号用指令输入滤波器；指令脉冲形态为"符号+脉冲，正逻辑"。

◇ Pn50A=8100。P-OT 信号分配设置为"将信号一直固定为正转可驱动"、Pn50B=6548 N-OT 信号分配设置为"将信号一直固定为反转可驱动"。

◇ Pn300=9.00。设置速度指令增益。

◇ Pn305=1500。设置软启动加速时间、Pn306=1500 设置软启动减速时间（以 ms 为单位）。参数设置好后断开电源，再次通电后参数即可生效。

③ 选择触摸屏上的 速度 1 按钮，按下 启动 按钮，交流伺服电动机启动，待电动机速度稳定后，测量控制电压数值。测量后按下 停止 按钮，让电动机停止运行。

④ 继续选择 速度 2 至 速度 8 按钮，逐次测量电动机的控制电压值。

⑤ 记录测量的数据，并填写在表 7-3-15 中。

表 7-3-15　伺服电机电压—转速关系测试记录表

测试条件：空载，Pn300=9.00，加减速时间 1.5s

速度标号	速度 1	速度 2	速度 3	速度 4	速度 5	速度 6	速度 7	速度 8
PLC 接通电阻	R1	R2	R1//R2	R3	R1//R3	R2//R3	R4	R2//R4
转速 n（r/min）								
控制电压（V）								
备注	用数字万用表测量伺服驱动器 CN1 的 5、6 脚间的（控制）电压； 在驱动器监控模式 Un000 下观察伺服电机的转速							

⑥ 检测任务完成后，关闭实训台的总电源开关，整理实训台。

⑦ 绘制交流伺服电动机的转速 n 随控制电压 U 变化的关系曲线 $n=f(U)$，如图 7-3-10 所示。

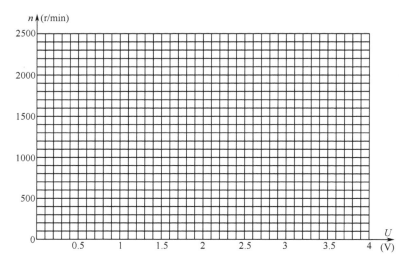

图 7-3-10　转速随控制电压变化的关系曲线

2. 检测交流伺服电动机转速与机械转矩的关系

测试的方法与步骤如下：

① 闭合实训台的电源总开关，连接好 PLC 与触摸屏的通信线。

② 设置伺服驱动器的参数。

参数设置的方法与步骤与上相同。

③ 选择触摸屏上的 速度1 按钮，再按下 启动 按钮，交流伺服电动机在空载情况下启动；记录此时电动机的转速。

④ 接通制动器电源并逐渐加大制动电流以改变机械转矩，测定对应的转速，即可得到机械特性曲线。

⑤ 记录测量数据，并填写在表 7-3-16 中。

表 7-3-16　伺服电机机械特性测试记录表

测试条件：负载　加减速时间 1.5s　起始转速 1000r/min

负载转矩 T_L（N·m）	本底值	0.3	0.5	0.7	0.9	1.1	1.3	1.5	1.7
转速 n（r/min）	1000								
备注	起始转速由触摸屏上速度按钮给出，允许有偏差								

⑥ 检测任务完成后，关闭实训台的总电源开关，整理实训台。

⑦ 绘制交流伺服电动机的转速 n 随转矩 T_L 变化的关系曲线，如图 7-3-11 所示。

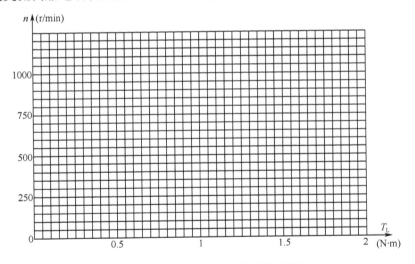

图 7-3-11　转速随转矩变化的关系曲线

安全提示：

在完成工作任务全过程中，必须确保安全用电，必须在确定电机安全防护盖已盖好后才能通电检测。在拆卸电路前必须断开实训台的总电源。

【思考与练习】

1．本次任务的 PLC 程序与任务二的程序有什么不同？

2．交流伺服电动机的转速与控制电压的关系有什么特点？

3．交流伺服电动机的转速与负载转矩的关系有什么特点？

4．交流伺服电机驱动器有哪三种基本控制模式？

5．交流伺服电动机的转导体电阻选用电阻率较大的材料制成，这是为什么？

6．交流伺服电动机与异步电动机有什么异同点？

7．设置伺服电机驱动器的参数，满足以下控制要求：

（1）伺服驱动器选择在单相 220V 下工作。

（2）按面板操作器▼键使电机反转（正对于电机轴顺时针方向）。

（3）将 JOG 移动距离设置为编码器脉冲值的 10 倍。

（4）交流伺服电动机以 1000r/min 的速度运转 2min（以参数设置值为准，转速测量仪表为参考）。

（5）电机转动一次停止后，按面板操作器▼键才能再次转动。

8．请你填写完成步进电动机的运行检测工作任务评价表 7-3-17。

表 7-3-17　完成步进电动机的运行检测工作任务评价表

序　号	评 价 内 容	配　分	自 我 评 价	老 师 评 价
1	线槽尺寸及安装工艺是否符合要求	10		
2	元器件的选择、安装工艺是否符合要求	10		
3	电路导线的连接是否按安装工艺规范要求进行	10		
4	检查电路时，是否有漏接、接错、短接等现象	20		
5	你所编写的触摸屏程序是否能满足本次工作任务要求	10		
6	你所编写的 PLC 梯形图程序是否能满足本次工作任务要求	10		
7	交流伺服电动机的运行检测的结论：	20		
8	完成工作任务的全过程是否安全施工、文明施工	10		
	合　　计	100		

项目 八

电机装配与运行检测综合实训

▶▶▶▶

任务 三相异步电动机装配与工频变频运行检测

工作任务

某三相交流异步电动机通过触摸屏控制 PLC 实现工频运行与变频运行的切换，电气控制原理图如图 8-1-1 所示。

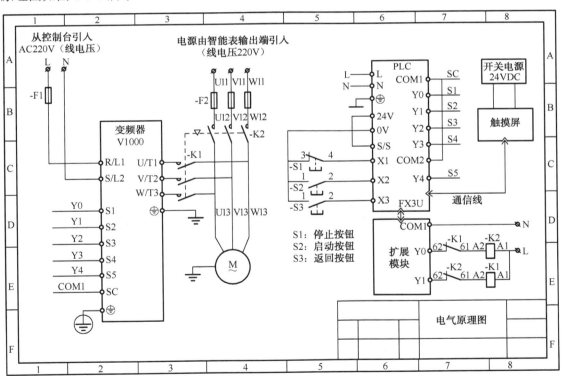

图 8-1-1 电气控制原理图

触摸屏画面如图 8-1-2 所示。触摸屏分三个画面：

第一画面：主界面。触摸屏上电后自动进入主界面。点击 三相异步电动机工频运行控制 按钮，触摸屏进入"三相异步电机工频运行控制"界面；点击 三相异步电动机变频运行控制 ，触摸屏进入"三相异步电动机变频运行控制"界面。

第二画面：工频运行界面。当触摸屏进入"三相异步电机工频运行控制"界面后，交流接触器 K2 自动吸合，运行指示灯亮，调节三相调压器输出电压使异步电动机启动运行。按下 停止 按钮，使交流接触器 K2 释放，电机停止转动；按下 启动 按钮，K2 再次吸合，电机启动运行。

只有在 K2 释放，电机停止工作后，按下返回按钮，触摸屏才能返回主界面。

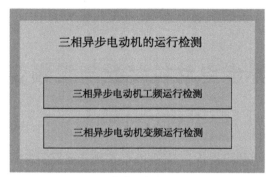

（a）触摸屏主界面

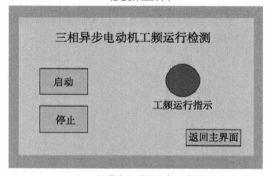

（b）三相异步电动机工频运行界面

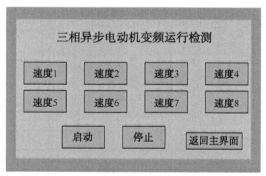

（c）三相异步电动机变频运行界面

图 8-1-2　触摸屏画面

第三画面：变频运行界面。当触摸屏进入"三相异步电机变频运行控制"界面后，交流接触器 K1 自动吸合，触摸屏上的 速度 1 到 速度 8 按钮对应变频器设置的一个速度。

变频器控制电机工作前，先选择速度按钮，再按下 启动 按钮或按钮盒模块的 S2 按钮，变频器按选定的速度运行。此时，按下其他速度按钮无效。只有在按下 停止 按钮或按钮模块的 S1 按钮，变频器停止工作时才能再次选择其他速度。

只有在变频器停止工作后，按下 返回 按钮，触摸屏才能返回到主界面。触摸屏返回主界面的同时，交流接触器 K1 自动释放。各按钮地址请自行设定。

请你按要求完成下列任务：

（1）根据如图 3-1-1 所示的三相交流异步电动机装配图，在电机测试台上完成三相交流异步电动机的装配，并通过静态调整与动态调整，使电机装配满足如下要求：

◇ 电机安装后要保证轴与轴中心线的同轴度。

◇ 齿轮架及轴上的齿轮装配完应转动灵活、轻快。

◇ 齿轮啮合要控制合理间隙，拨动齿轮时无异声，传动平稳。

◇ 联轴器安装后，两边的端面离被安装的端面距离要合适。

◇ 保证三相异步电动机运行时无发热、振动现象，运行噪声在正常范围内。

（2）根据电气控制原理图正确选择电器元件，按图 8-1-3 所示的电器元件布置图排列并紧固安装。

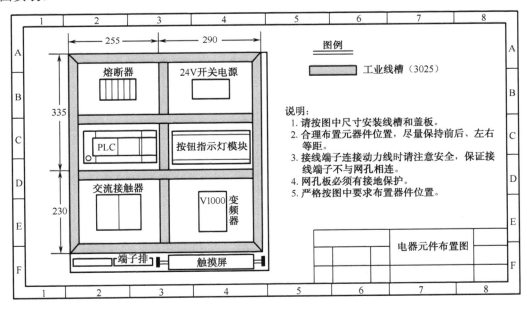

图 8-1-3　电器元件布置图

（3）按照电气控制原理图连接好控制电路，接线应符合以下工艺规范要求：

◇ 连接导线选用正确，电路各连接点连接可靠、牢固，不压皮不露铜。

◇ 进接线排的导线都需要套好号码管并编号。

◇ 同一接线端子的连接导线最多不能超过 2 根。

（4）根据工作过程要求编写 PLC、触摸屏的控制程序，并调试控制电路以达到工作过程的要求。

（5）三相交流异步电动机工频运行及变频运行的综合检测。

完成工作任务指导

一、三相异步电动机的装配

1. 安装工具与器材

安装工具：内六角扳手、钢直尺、直角尺、游标卡尺、橡胶锤、铜套。
器材：三相异步电动机、电动机支架、微型弹性联轴器、内六角螺栓、螺母、中间轴部件。

2. 电动机装配的环境要求与安全要求

（1）装配工作的环境要求
① 电机装配前，应注意清洁零件的表面。
② 安装平台上不允许放置其他器件、保持整洁。
③ 在操作过程中，工具与器材不得乱摆。工作结束后，收拾好工具与器材，清扫卫生，保持工位的整洁。
（2）装配工作的安全要求
① 要正确使用安装工具，防止在操作中发生伤手的事故。
② 动态检测时，使用三相 220V 电源，并遵守安全用电规程。

3. 完成工作任务的方法与步骤

三相异步电动机装配的方法及步骤与项目三任务一同，如图 3-1-3 所示。

二、控制电路的安装

在 YL-163A 型实训装置中的多网孔板上完成控制电路的安装任务。完成控制电路的安装任务的方法和步骤如下：

1. 工具耗材准备

工业线槽、1.0mm² 红色和蓝色多股软导线、1.0mm 黄绿双色 BVR 导线、 0.75mm² 黑色和蓝色多股导线、冷压接头 SVϕ1.5-4、缠绕带、捆扎带、螺丝刀、剥线钳、压线钳、斜口钳、万用表等。

2. 元器件的选择与检测

根据控制电路原理图，本次控制电路的安装与调试任务所需要的元器件有：熔断器、交流接触器、三菱可编程控制器 FX3U-32M、扩展模块 FX2N-16EYR、西门子触摸屏、按钮开关及指示灯盒、24V DC 开关电源模块、V1000 变频器、三相异步电动机。

对以上所列的所有器件进行型号、外观、质量等方面的检测。

3.　线槽和元器件的安装

按图 8-1-3 所示的元器件布置图中标注的线槽的尺寸，安装好线槽，然后将已检测好的元器件按图 8-1-3 所示的位置进行排列，并安装固定，如图 8-1-4 所示。

4.　连接控制电路板上的线路

根据如图 8-1-1 所示的电气控制原理图，按接线工艺规范的要求完成：

① 主电源与开关电源模块、PLC、变频器之间连接电路的接线；
② 开关指示灯盒与 PLC 输入端子（X）连接电路的接线；
③ PLC 输出端子（Y）与变频器多功能输入端子连接电路的接线；
④ 24V DC 开关电源与触摸屏电路连接；
⑤ 变频器、三极熔断器、交流接触器与三相异步电动机主电路的接线。

整理好线路的导线，并将线槽盖板盖好。连接好的线路如图 8-1-5 所示。

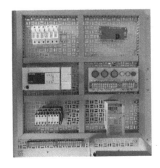 

图 8-1-4　元器件的安装　　　　图 8-1-5　连接好的电路板

三、触摸屏程序的编写

1.　定义按钮的变量

根据如图 8-1-2 所示的触摸屏画面，画面分三页。第一页上有 2 个按钮，一个是三相异步电动机工频运行检测按钮，另一个是三相异步电动机变频运行检测按钮。第二页上有启动、停止、返回主界面共三个按钮，一个工频运行指示指示灯。第三页上有速度 1 至速度 8、启动、停止及返回主界面按钮。根据控制要求，设置各个按钮的变量见表 8-1-1。

表 8-1-1　定义按钮、指示灯变量

序号	按钮/指示灯	变量	内部变量	序号	按钮/指示灯	变量	内部变量
1	停止	M0	——	4	速度 3	M3	内部变量—17
2	速度 1	M1	内部变量—15	5	速度 4	M4	内部变量—18
3	速度 2	M2	内部变量—16	6	速度 5	M5	内部变量—19

序号	按钮/指示灯	变量	内部变量	序号	按钮/指示灯	变量	内部变量
7	速度6	M6	内部变量—20	11	工频运行检测	M10	——
8	速度7	M7	内部变量—21	12	变频运行检测	M11	——
9	速度8	M8	内部变量—22	13	返回主界面	M12	——
10	启动	M9	内部变量—23	14	工频运行指示	M13	——

2. 建立变量表

在选择好通信驱动程序 Mitsubishi Fx 后，建立变量表，见表 8-1-2。

表 8-1-2 变量表

名称	连接	数据类型	地址	注释
变量_1	连接_1	Bit	M0	停止按钮
变量_2	连接_1	Bit	M1	速度1
变量_3	连接_1	Bit	M2	速度2
变量_4	连接_1	Bit	M3	速度3
变量_5	连接_1	Bit	M4	速度4
变量_6	连接_1	Bit	M5	速度5
变量_7	连接_1	Bit	M6	速度6
变量_8	连接_1	Bit	M7	速度7
变量_9	连接_1	Bit	M8	速度8
变量_10	连接_1	Bit	M9	启动按钮
变量_11	连接_1	Bit	M10	工频运行检测按钮
变量_12	连接_1	Bit	M11	变频运行检测按钮
变量_13	连接_1	Bit	M12	返回主界面按钮
变量_14	连接_1	Bit	M13	工频运行指示灯
变量_15	<内部变量>	Bool	<没有地址>	速度1按钮动画标志
变量_16	<内部变量>	Bool	<没有地址>	速度2按钮动画标志
变量_17	<内部变量>	Bool	<没有地址>	速度3按钮动画标志
变量_18	<内部变量>	Bool	<没有地址>	速度4按钮动画标志
变量_19	<内部变量>	Bool	<没有地址>	速度5按钮动画标志
变量_20	<内部变量>	Bool	<没有地址>	速度6按钮动画标志
变量_21	<内部变量>	Bool	<没有地址>	速度7按钮动画标志
变量_22	<内部变量>	Bool	<没有地址>	速度8按钮动画标志
变量_23	<内部变量>	Bool	<没有地址>	启动标志

3. 设置按钮组态

（1）自动切换画面按钮的组态设置

以"三相异步电动机工频运行检测"按钮为例说明设置的方法和步骤。

① 常规、属性及动画外观的组态设置

"三相异步电动机工频运行检测"按钮的常规文本设置、属性外观前景色背景色设置、动画外观设置与普通按钮组态设置的方法相同。

② 事件的组态设置

根据控制要求按下此按钮，触摸屏画面自动切换至"三相异步电动机工频运行检测"画面中。因此，事件的组态设置应包括单击、按下、释放内容。设置方法如图 8-1-6 所示。

（a）事件设置—单击功能

（b）事件设置—按下功能

（c）事件设置—释放功能

图 8-1-6 自动切换画面按钮组态设置

"三相异步电动机变频运行检测"按钮的组态设置与上相同。

（2）返回主界面按钮的组态设置

① 常规、属性及动画外观的组态设置

"返回主界面"按钮的常规文本设置、属性外观前景色背景色设置、动画外观设置与普通按钮组态设置的方法相同。其中动画外观组态的设置如图 8-1-7（a）所示。

② 动画启用对象的组态设置

根据控制要求只有按下"停止"按钮后，按下"返回主界面"按钮，触摸屏画面才能切换至触摸屏主界面中。因此，动画的组态设置应包括动画启用对象的设置。设置的方法如图 8-1-7（b）所示。

③ 事件的组态设置

设置单击、按下、释放的组态。设置方法如图 8-1-7（c）～（e）所示。

（a）动画设置—外观

图 8-1-7 返回主界面按钮组态设置

191

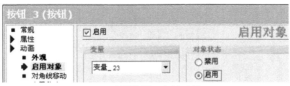

（b）动画设置—启用对象

（c）事件设置—单击功能

（d）事件设置—按下功能

（e）事件设置—释放功能

图 8-1-7　返回主界面按钮组态设置（续）

（3）其他按钮的组态设置

其他按钮组态的设置方法及步骤与项目二任务三的相同。

四、变频器参数设置

根据任务要求，电动机能以 5Hz、10Hz、15Hz、20Hz、25Hz、30Hz、40Hz、50Hz 八种频率运行，电动机启动时间设为 4.0s；停止时间为 1.5s。需要设置的变频器参数及相应的参数值见表 8-1-3。

表 8-1-3　需要设置的变频器参数

序　号	参数代号	参数值	说　　明
1	A1-03	2220	初始化
2	b1-01	0	频率指令（出厂设置）
3	b1-02	0	运行指令（出厂设置）
4	c1-01	4.0	加速时间
5	c1-02	1.5	减速时间

续表

序　号	参数代号	参数值	说　明
6	H1-01	40	S1 端子选择：正转指令（出厂设置）
7	H1-02	41	S2 端子选择：反转指令（出厂设置）
8	H1-03	3	S3 端子选择：多段速指令 1
9	H1-04	4	S4 端子选择：多段速指令 2
10	H1-05	5	S5 端子选择：多段速指令 3
11	d1-01	5	频率指令 1
12	d1-02	10	频率指令 2
13	d1-03	15	频率指令 3
14	d1-04	20	频率指令 4
15	d1-05	25	频率指令 5
16	d1-06	30	频率指令 6
17	d1-07	40	频率指令 7
18	d1-08	50	频率指令 8
19	H1-06	F	端子未被使用（避免与 S4 端子冲突）

五、PLC 程序的编写

1. 分析控制要求，画出自动控制的工作流程图

分析控制要求，工作过程可分为三个画面进行，工作流程图如图 8-1-8 所示。

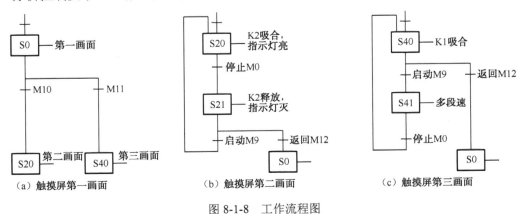

（a）触摸屏第一画面　　　（b）触摸屏第二画面　　　（c）触摸屏第三画面

图 8-1-8　工作流程图

2. 编写 PLC 控制程序

根据所画出的流程图的特点，确定编程思路。本次任务要求的工作过程是由触摸屏第一画面中的两个按钮决定进入第二画面或第三画面。第二画面和第三画面均有"返回主界面"按钮，能使画面返回主界面。步进指令的梯形图程序如图 8-1-9 所示。

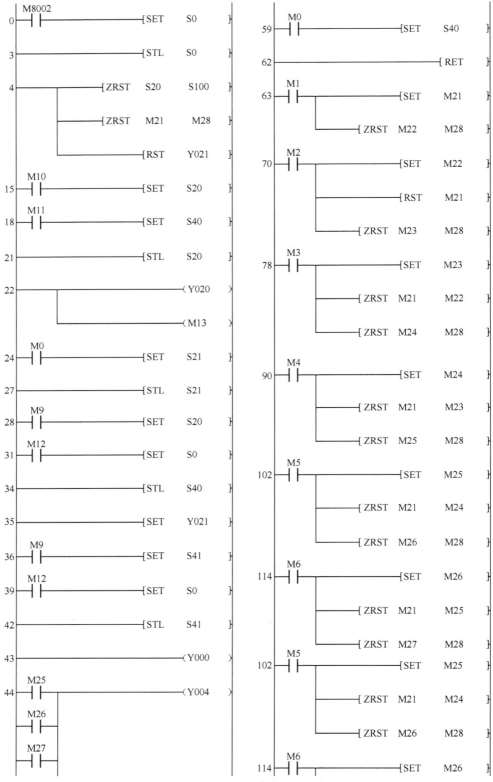

图 8-1-9 步进指令梯形图程序

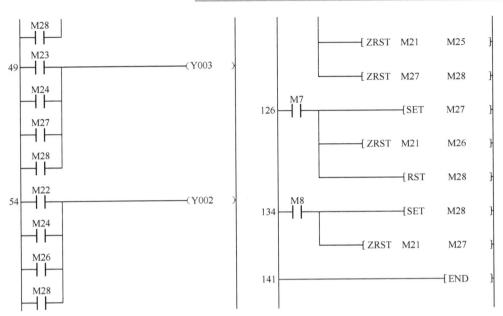

注：按钮开关指示灯盒的 S1～S3 未写入程序中，请读者自行完成。

图 8-1-9　步进指令梯形图程序（续）

要正确使用安装工具，防止在操作过程中发生伤手的事故；电动机等较重器材要小心搬放，防止在搬放过程中掉落造成器材损坏或伤人事故；连接电路的所有工作都必须在断开电源的状态下进行。

六、控制电路的调试

检查电路正确无误后，将设备电源控制单元的三相 220V 和单相 220V 两种电源连接到控制电路板端子排上。电源控制单元面板如图 8-1-10 所示。

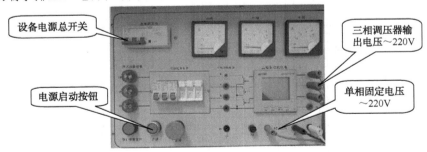

图 8-1-10　电源控制单元面板图

接通电源总开关，按下电源启动按钮，下载触摸屏及 PLC 程序，按照工作任务描述按下"三相异步电动机工频运行检测"按钮，检查触摸屏画面是否切换至第二画面；按下"三相异步电动机变频运行检测"按钮，检查触摸屏画面是否切换至第三画面。检查第二、第三画面中的各按钮，是否符合工作过程的要求。

七、三相异步电动机工频与变频的运行检测

1. 三相异步电动机工频运行检测

工频运行检测的方法与步骤如下：

① 运行检测前，把三相交流调压器旋钮逆时针方向调至零位，并且断开磁粉制动器电源。

② 合上电源总开关，按下电源启动按钮，接通控制电路板上的电源。

③ 按触摸屏上"三相异步电动机工频运行检测"按钮，触摸屏自动切换至三相异步电动机工频运行检测画面，在画面切换的同时，交流接触器 K2 自动吸合，运行指示灯亮。

④ 慢慢地调节三相调压器，使输出电压由零逐渐升高到额定电压值 220V（三相监控制仪表电压读数为 127V）。

⑤ 闭合磁粉制动器开关电源，调节制动器控制电位器，设定调节制动电流 I_G=0.3A。

⑥ 调节三相调压器，使输出电压分档逐渐下降，注意三相异步电动机的运行情况并记录电动机的转速。

⑦ 工频运行检测完毕后，按下触摸屏上 停止 按钮，接触器 K2 自动释放，再按下 返回主界面 按钮，触摸屏画面自动切换至主界面。

⑧ 先调节制动电流为零并断开制动器电源后再断开实训台总开关，然后调节三相交流可调电源旋钮恢复至零位。

⑨ 将检测数据记录在表 8-1-4 中，并绘制 $n=f(U)$ 曲线，如图 8-1-11 所示。

表 8-1-4　三相异步电动机的工频运行检测记录表　　**测试条件：I_G=0.3A**

电压 U（V）	40	60	80	100	120	140	160	180	200	220
转速 n（r/min）										

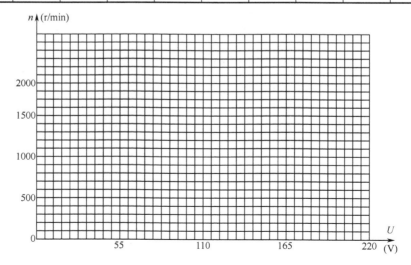

图 8-1-11　三相异步电动机工频运行曲线

2．三相异步电动机变频运行检测

变频运行检测的方法与步骤如下：

① 运行检测前，断开磁粉制动器电源。

② 合上电源总开关，按下电源启动按钮，接通控制电路板上的电源。

③ 按触摸屏上"三相异步电动机变频运行检测"按钮，触摸屏自动切换至三相异步电动机变频运行检测画面，在画面切换的同时，交流接触器 K1 自动吸合，此时三相异步电动机由变频器拖动。

④ 闭合磁粉制动器开关电源，调节制动器控制电位器，设定调节制动电流 I_G=0.3A。

⑤ 按下触摸屏上的"速度 1"按钮，观察三相异步电动机的运行情况并记录电动机的转速。

⑥ 按下"停止"按钮，重新选择"速度 2"至"速度 8"，继续检测不同频率下的电动机的转速。

⑦ 变频运行检测完毕后，按下触摸屏上"停止"按钮，再按下"返回主界面"按钮，触摸屏画面自动切换至主界面，同时交流接触器 K1 自动释放。

⑧ 检测任务结束后，断开制动器电源后再断开实训台总开关。

⑨ 将检测数据记录在表 8-1-5 中，并绘制 $n=f(f)$ 曲线，如图 8-1-12 所示。

表 8-1-5　三相异步电动机的变频运行检测记录表　　　　**测试条件：** I_G=0.3A

频率 f/Hz	5	10	15	20	25	30	40	50
转速 n r/min								

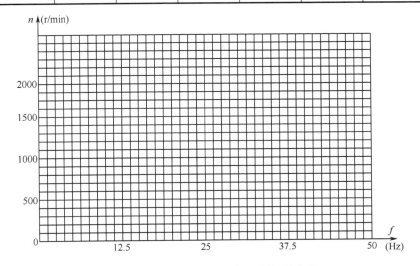

图 8-1-12　三相异步电动机工频运行曲线

【思考与练习】

1．你认为在完成三相异步电动机装配与工频变频运行检测工作任务中，需要准备哪些相关的知识？

2．完成编写触摸屏及 PLC 程序的过程中，你遇到过什么问题？你又是如何解决的？

3．在如图 8-1-1 所示的电气控制原理图中，PLC 扩展模块输出采用互锁触点，这是为什么？如果没有采用互锁，在 PLC 程序里应如何处理？

4．三相异步电动机工频运行 $n=f(U)$ 曲线有什么特点？是否存在死区电压？

5．三相异步电动机变频运行 $n=f(f)$ 曲线有什么特点？

6．请你填写完成三相异步电动机装配与工频变频运行检测工作任务评价表（表 8-1-6）。

表 8-1-6 完成三相异步电动机装配与工频变频运行检测工作任务评价表

序　号	评 价 内 容	配　分	自 我 评 价	老 师 评 价
1	三相异步电动机的装配情况	10		
2	工业线槽的安装尺寸是否符合要求	5		
3	控制板上的元器件选择及排列情况	5		
4	控制电路的连接工艺规范要求	10		
5	PLC 程序的编写是否符合控制要求	10		
6	触摸屏程序的编写是否符合控制要求	10		
7	三相异步电动机工频运行检测数据	10		
8	三相异步电动机变频运行检测数据	10		
9	作业过程中是否符合安全操作规程	10		
10	工具、耗材摆放、废料处理是否合理	10		
11	完成工作任务后，工位是否整洁	10		
合　　计		100		

附录 A YL-163A 型电机装配与运行检测实训考核装置简介

YL-163A 型电机装配与运行检测实训考核装置，综合了企业电机装配、运行检测的实际工作场景，在满足学校多层次电机装配与运行检测教学和实训考核的基础上，强化了多种电机制作和电气控制方式、使其具有比以往实训教学设备更加完善的配置和更为完整的功能。通过装配调整和负载的变化，真实地反映了电机的装配和工业控制、拖动的过程。

实训考核装置简介如下。

设备外观

YL-163A 型电机装配与运行检测实训考核装置总体外观如附录图 1-1 所示。

附录图 1-1 设备外观图

实训考核装置分为五个部分：

① 电机装配单元

该单元上面装有转速、转矩测量及加载机构，可以根据具体测量的要求将测试电机与测量机构对接。

② 电源控制单元

该单元采用抽屉式结构，平时藏于实训台内，使用时将抽屉接出即可。

③ 三相交流调压器

根据对电源的不同需求可以逆时针调节减小或顺时针调节增大输出，调节范围为 AC 0～420V。输出端在电源控制单元中，其值可通过多功能仪表进行监测。

④ 实训台下柜

该柜为双层结构，可放工具及电机安装配件等。

⑤ 电气控制安装单元

由网孔挂板及支撑机构组成，进行电气安装时可将其展开，平时可以将安装板靠在实训台侧。

控制单元功能

一、电源控制单元

电源控制单元功能布局如附录图 1-2 所示。

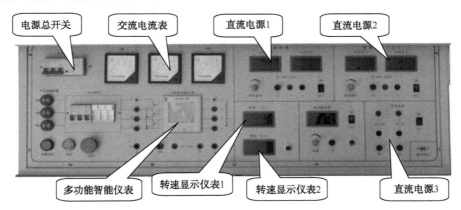

附录图 1-2　电源控制单元功能布局图

电源控制单元主要功能有：

① 电源总开关

将电源总开关向上扳起，仪表电源接通，这时所有的仪表均打开。

② 交流电流表

交流电流表为指针式仪表，显示三相负载的线电流。

③ 多功能智能仪表

多功能智能仪表可显示三相负载的线电流、相电压、功率因数、有功功率、无功功率等物理量。

④ 直流电源 1，2

电流电源 1 和直流电源 2 是参数相同的两组电源，通过调节电位器的大小控制输出 DC 30～220V 电源。面板有独立的电压表及电流表对每组电源进行监视。

⑤ 直流电源 3

直流电源 3 为 DC 5V、DC 24V 两种固定电源，一般作为控制器的辅助电源用。

⑥ 磁粉制动器电源

制动器电源需要通过专用的连接线与磁粉制动器对接，当需要给电机增加负载时，慢慢调节面板电位器，加大电流输出。（在电机高速时禁止瞬间加大制动器电流！）

⑦ 扭矩表及转速表

通过专用的连接线与扭矩传感器对接，在电机旋转时可通过转速表和扭矩表显示转速和转矩值。

除此之外，电源控制单元还可提供固定三相交流电源 AC 380V，单相交流电源 AC 220V，可调三相交流电源。

二、电气控制安装单元

电气控制安装单元板器件布局如附录图1-3所示。

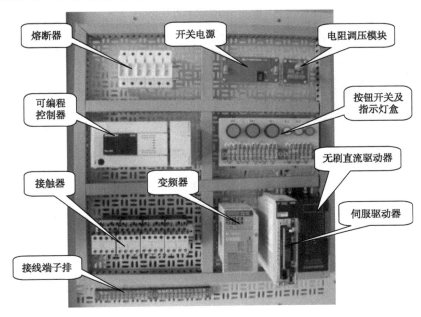

附录图1-3　电气控制单元器件布局图

YL-163A设备所配置的电气控制单元有：

① 三相断路器、三极熔断器、单极熔断器。

② 交流接触器、热继电器、时间继电器等。

③ 西门子触摸屏、三菱可编程控制器、安川变频调速控制器。

④ 步科步进驱动器、森创直流无刷驱动器、安川交流伺服驱动器。

⑤ 按钮开关及指示灯盒、电源接线端子排。

三、电机机组安装测试台

测试台上安装如附录图1-4所示的主要部件为：

① 三相交流异步电动机。该电机为笼型电机，绕组为三角形接法，工作电压为220V。

② 他励直流电动机。电枢绕组及励磁绕组的额定电压均为DC 220V。

③ 特种电机。特种电机指两相混合式步进电机、交流伺服电机、无刷直流电机。

④ 传动轴及齿轮副。机械传动通常是指作回转运动的摩擦传动和啮合传动。

⑤ 联轴器。常用联轴器根据构造分为刚性联轴器、挠性联轴器和安全联轴器。

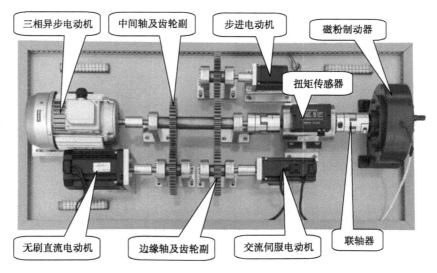

附录图 1-4　电机测试台

机械安装工艺规范要求

机械装配工艺规范要求如下：

① 电机与电机支架的安装要安全可靠，安装后的电机不能有晃动、安装螺钉不应有松动等现象。

② 轴承、轴承座、齿轮副安装方法应符合工艺步骤和规范，安装后的轴承座、轴承端盖螺钉不应有松动现象。

③ 轴承、轴承座、齿轮副、电机与电机支架应在所设定的装配区进行安装，轴键、线槽的制作应远离电气安装区。

④ 电机与传动轴中间应选择合适的相应的弹性联轴器，安装后的联轴器轴深应能使 2 个被连接体均能可靠地安装到相应的安装位置，调整好轴深后，联轴器应与所连接的轴体固定锁紧、弹性垫松紧合适。

⑤ 所安装的传动系统（电机、传动轴、扭矩传感器等）同轴度合适，系统运行平稳、灵活，无明显的阻滞和机械振动。

⑥ 所安装的传动机构各零部件，不应有明显轴向串动和纵向跳动，所安装的各零部件在安装前要进行必要的测量，其数据应填写在记录表中。

附录 B 常用孔公差带的极限偏差表（摘自 GB/T 1800.2-2009） 单位：μm

公差等级（代号及其对应的公差等级见下表表头）

公称尺寸/mm 大于	至	A11	B11	C11	D9	E8	F8	G7	H12	H11	H10	H9	H8	H7	H6	JS7	JS6	K8	K7	K6	M7	N7	N6	P7	P6	R7	S7	T7	U7
—	3	+330/+270	+200/+140	+120/+60	+45/+20	+28/+14	+20/+6	+12/+2	+100/0	+60/0	+40/0	+25/0	+14/0	+10/0	+6/0	±5	±3	0/-14	0/-10	0/-6	-2/-12	-4/-14	-4/-10	-6/-16	-6/-12	-10/-20	-14/-24	—	-18/-28
3	6	+345/+270	+215/+140	+145/+70	+60/+30	+38/+20	+28/+10	+16/+4	+120/0	+75/0	+48/0	+30/0	+18/0	+12/0	+8/0	±6	±4	+5/-13	+3/-9	+2/-6	0/-12	-4/-16	-5/-13	-8/-20	-9/-17	-11/-23	-15/-27	—	-19/-31
6	10	+370/+280	+240/+150	+170/+80	+76/+40	+47/+25	+35/+13	+20/+5	+150/0	+90/0	+58/0	+36/0	+22/0	+15/0	+9/0	±7	±4.5	+6/-16	+5/-10	+2/-7	0/-15	-4/-19	-7/-16	-9/-24	-12/-21	-13/-28	-17/-32	—	-22/-37
10	14	+400/+290	+260/+150	+205/+95	+93/+50	+59/+32	+43/+16	+24/+6	+180/0	+110/0	+70/0	+43/0	+27/0	+18/0	+11/0	±9	±5.5	+8/-19	+6/-12	+2/-9	0/-18	-5/-23	-9/-20	-11/-29	-15/-26	-16/-34	-21/-39	—	-26/-44
14	18	+400/+290	+260/+150	+205/+95	+93/+50	+59/+32	+43/+16	+24/+6	+180/0	+110/0	+70/0	+43/0	+27/0	+18/0	+11/0	±9	±5.5	+8/-19	+6/-12	+2/-9	0/-18	-5/-23	-9/-20	-11/-29	-15/-26	-16/-34	-21/-39	—	-26/-44
18	24	+430/+300	+290/+160	+240/+110	+117/+65	+73/+40	+53/+20	+28/+7	+210/0	+130/0	+84/0	+52/0	+33/0	+21/0	+13/0	±10	±6.5	+10/-23	+6/-15	+2/-11	0/-21	-7/-28	-11/-24	-14/-35	-18/-31	-20/-41	-27/-48	—	-33/-54
24	30	+430/+300	+290/+160	+240/+110	+117/+65	+73/+40	+53/+20	+28/+7	+210/0	+130/0	+84/0	+52/0	+33/0	+21/0	+13/0	±10	±6.5	+10/-23	+6/-15	+2/-11	0/-21	-7/-28	-11/-24	-14/-35	-18/-31	-20/-41	-27/-48	-33/-54	-40/-61
30	40	+470/+310	+330/+170	+280/+120	+142/+80	+89/+50	+64/+25	+34/+9	+250/0	+160/0	+100/0	+62/0	+39/0	+25/0	+16/0	±12	±8	+12/-27	+7/-18	+3/-13	0/-25	-8/-33	-12/-28	-17/-42	-21/-37	-25/-50	-34/-59	-39/-64	-51/-76
40	50	+480/+320	+340/+180	+290/+130	+142/+80	+89/+50	+64/+25	+34/+9	+250/0	+160/0	+100/0	+62/0	+39/0	+25/0	+16/0	±12	±8	+12/-27	+7/-18	+3/-13	0/-25	-8/-33	-12/-28	-17/-42	-21/-37	-25/-50	-34/-59	-45/-70	-61/-86
50	65	+530/+340	+380/+190	+330/+140	+174/+100	+106/+60	+76/+30	+40/+10	+300/0	+190/0	+120/0	+74/0	+46/0	+30/0	+19/0	±15	±9.5	+14/-32	+9/-21	+4/-15	0/-30	-9/-39	-14/-33	-21/-51	-26/-45	-30/-60	-42/-72	-55/-85	-76/-106
65	80	+550/+360	+390/+200	+340/+150	+174/+100	+106/+60	+76/+30	+40/+10	+300/0	+190/0	+120/0	+74/0	+46/0	+30/0	+19/0	±15	±9.5	+14/-32	+9/-21	+4/-15	0/-30	-9/-39	-14/-33	-21/-51	-26/-45	-32/-62	-48/-78	-64/-94	-91/-121
80	100	+600/+380	+440/+220	+390/+170	+207/+120	+126/+72	+90/+36	+47/+12	+350/0	+220/0	+140/0	+87/0	+54/0	+35/0	+22/0	±17	±11	+16/-38	+10/-25	+4/-18	0/-35	-10/-45	-16/-38	-24/-59	-30/-52	-38/-73	-58/-93	-78/-113	-111/-146
100	120	+630/+410	+460/+240	+400/+180	+207/+120	+126/+72	+90/+36	+47/+12	+350/0	+220/0	+140/0	+87/0	+54/0	+35/0	+22/0	±17	±11	+16/-38	+10/-25	+4/-18	0/-35	-10/-45	-16/-38	-24/-59	-30/-52	-41/-76	-66/-101	-91/-126	-131/-166

续表

公称尺寸/mm 大于	至	A 11	B 11	C 11	D 9	E 8	F 8	G 7	H 6	H 7	H 8	H 9	H 10	H 11	H 12	JS 6	JS 7	K 6	K 7	K 8	M 6	M 7	N 6	N 7	P 6	P 7	R 7	S 7	T 7	U 7
120	140	+710/+460	+510/+260	+450/+200	+245/+145	+148/+85	+106/+43	+54/+14	+25/0	+40/0	+63/0	+100/0	+160/0	+250/0	+400/0	±12.5	±20	+4/-21	+12/-28	+20/-43	-8/-33	0/-40	-20/-45	-12/-52	-36/-61	-28/-68	-48/-88	-77/-117	-107/-147	-155/-195
140	160	+770/+520	+530/+280	+460/+210																							-50/-90	-85/-125	-119/-159	-175/-215
160	180	+830/+580	+560/+310	+480/+230																							-53/-93	-93/-133	-131/-171	-195/-235
180	200	+950/+660	+630/+340	+530/+240	+285/+170	+172/+100	+122/+50	+61/+15	+29/0	+46/0	+72/0	+115/0	+185/0	+290/0	+460/0	±14.5	±23	+5/-24	+13/-33	+22/-50	-8/-37	0/-46	-22/-51	-14/-60	-41/-70	-33/-79	-60/-106	-105/-151	-149/-195	-219/-265
200	225	+1030/+740	+670/+380	+550/+260																							-63/-109	-113/-159	-163/-209	-241/-287
225	250	+1110/+820	+710/+420	+570/+280																							-67/-113	-123/-169	-179/-225	-267/-313
250	280	+1240/+920	+800/+480	+620/+300	+320/+190	+191/+110	+137/+56	+69/+17	+32/0	+52/0	+81/0	+130/0	+210/0	+320/0	+520/0	±16	±26	+5/-27	+16/-36	+25/-56	-11/-43	0/-52	-25/-57	-14/-66	-47/-79	-36/-88	-74/-126	-138/-190	-198/-250	-295/-347
280	315	+1370/+1050	+860/+540	+650/+330																							-78/-130	-150/-202	-220/-272	-330/-382
315	355	+1560/+1200	+960/+600	+720/+360	+350/+210	+214/+125	+151/+62	+75/+18	+36/0	+57/0	+89/0	+140/0	+230/0	+360/0	+570/0	±18	±28	+7/-29	+17/-40	+28/-61	-10/-46	0/-57	-26/-62	-16/-73	-51/-87	-41/-98	-87/-144	-169/-226	-247/-304	-369/-426
355	400	+1710/+1350	+1040/+680	+760/+400																							-93/-150	-187/-244	-273/-330	-414/-471
400	450	+1900/+1500	+1160/+760	+840/+440	+385/+230	+232/+135	+165/+68	+83/+20	+40/0	+63/0	+97/0	+155/0	+250/0	+400/0	+630/0	±20	±31	+8/-32	+18/-45	+29/-68	-10/-50	0/-63	-27/-67	-17/-80	-55/-95	-45/-108	-103/-166	-209/-272	-307/-370	-467/-530
450	500	+2050/+1650	+1240/+840	+880/+480																							-109/-172	-229/-292	-337/-400	-517/-580

附录 C　常用轴公差带的极限偏差表（摘自 GB/T 1800.2-2009）　单位：μm

公称尺寸/mm 大于	至	a	b	c	d	e	f	g	h	h	h	h	h	h	h	js	k	m	n	p	r	s	t	u	v	x	y	z
代号 → 公差等级		11	11	11	9	8	7	6	5	6	7	8	9	10	11	12	6	6	6	6	6	6	6	6	6	6	6	6	6
—	3	−270/−330	−140/−200	−60/−120	−20/−45	−14/−28	−6/−16	−2/−8	0/−4	0/−6	0/−10	0/−14	0/−25	0/−40	0/−60	0/−100	±3	+6/0	+8/+2	+10/+4	+12/+6	+16/+10	+20/+14	—	+24/+18	—	+26/+20	—	+32/+26
3	6	−270/−345	−140/−215	−70/−145	−30/−60	−20/−38	−10/−22	−4/−12	0/−5	0/−8	0/−12	0/−18	0/−30	0/−48	0/−75	0/−120	±4	+9/+1	+12/+4	+16/+8	+20/+12	+23/+15	+27/+19	—	+31/+23	—	+36/+28	—	+43/+35
6	10	−280/−370	−150/−240	−80/−170	−40/−76	−25/−47	−13/−28	−5/−14	0/−6	0/−9	0/−15	0/−22	0/−36	0/−58	0/−90	0/−150	±4.5	+10/+1	+15/+6	+19/+10	+24/+15	+28/+19	+32/+23	—	+37/+28	—	+43/+34	—	+51/+42
10	14	−290/−400	−150/−260	−95/−205	−50/−93	−32/−59	−16/−34	−6/−17	0/−8	0/−11	0/−18	0/−27	0/−43	0/−70	0/−110	0/−180	±5.5	+12/+1	+18/+7	+23/+12	+29/+18	+34/+23	+39/+28	—	+44/+33	—	+51/+40	—	+61/+50
14	18	−290/−400	−150/−260	−95/−205	−50/−93	−32/−59	−16/−34	−6/−17	0/−8	0/−11	0/−18	0/−27	0/−43	0/−70	0/−110	0/−180	±5.5	+12/+1	+18/+7	+23/+12	+29/+18	+34/+23	+39/+28	—	+44/+33	+50/+39	+56/+45	—	+71/+60
18	24	−300/−430	−160/−290	−110/−240	−65/−117	−40/−73	−20/−41	−7/−20	0/−9	0/−13	0/−21	0/−33	0/−52	0/−84	0/−130	0/−210	±6.5	+15/+2	+21/+8	+28/+15	+35/+22	+41/+28	+48/+35	—	+54/+41	+60/+47	+67/+54	+76/+63	+86/+73
24	30	−300/−430	−160/−290	−110/−240	−65/−117	−40/−73	−20/−41	−7/−20	0/−9	0/−13	0/−21	0/−33	0/−52	0/−84	0/−130	0/−210	±6.5	+15/+2	+21/+8	+28/+15	+35/+22	+41/+28	+48/+35	+54/+41	+61/+48	+68/+55	+77/+64	+88/+75	+101/+88
30	40	−310/−470	−170/−330	−120/−280	−80/−142	−50/−89	−25/−50	−9/−25	0/−11	0/−16	0/−25	0/−39	0/−62	0/−100	0/−160	0/−250	±8	+18/+2	+25/+9	+33/+17	+42/+26	+50/+34	+59/+43	+64/+48	+76/+60	+84/+68	+96/+80	+110/+94	+128/+112
40	50	−320/−480	−180/−340	−130/−290	−80/−142	−50/−89	−25/−50	−9/−25	0/−11	0/−16	0/−25	0/−39	0/−62	0/−100	0/−160	0/−250	±8	+18/+2	+25/+9	+33/+17	+42/+26	+50/+34	+59/+43	+70/+54	+86/+70	+97/+81	+113/+97	+130/+114	+152/+136
50	65	−340/−530	−190/−380	−140/−330	−100/−174	−60/−106	−30/−60	−10/−29	0/−13	0/−19	0/−30	0/−46	0/−74	0/−120	0/−190	0/−300	±9.5	+21/+2	+30/+11	+39/+20	+51/+32	+60/+41	+72/+53	+85/+66	+106/+87	+121/+102	+141/+122	+163/+144	+191/+172
65	80	−360/−550	−200/−390	−150/−340	−100/−174	−60/−106	−30/−60	−10/−29	0/−13	0/−19	0/−30	0/−46	0/−74	0/−120	0/−190	0/−300	±9.5	+21/+2	+30/+11	+39/+20	+51/+32	+62/+43	+78/+59	+94/+75	+121/+102	+139/+120	+165/+146	+193/+174	+229/+210
80	100	−380/−600	−220/−440	−170/−390	−120/−207	−72/−126	−36/−71	−12/−34	0/−15	0/−22	0/−35	0/−54	0/−87	0/−140	0/−220	0/−350	±11	+25/+3	+35/+13	+45/+23	+59/+37	+73/+51	+93/+71	+113/+91	+146/+124	+168/+146	+200/+178	+236/+214	+280/+258
100	120	−410/−630	−240/−460	−180/−440	−120/−207	−72/−126	−36/−71	−12/−34	0/−15	0/−22	0/−35	0/−54	0/−87	0/−140	0/−220	0/−350	±11	+25/+3	+35/+13	+45/+23	+59/+37	+76/+54	+101/+79	+126/+104	+166/+144	+194/+172	+232/+210	+276/+254	+332/+310

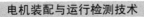

续表

公差等级

公称尺寸/mm 大于	至	a11	b11	c11	d9	e8	f7	g6	h5	h6	h7	h8	h9	h10	h11	h12	js6	k6	m6	n6	p6	r6	s6	t6	u6	v6	x6	y6	z6
120	140	−460/−710	−260/−510	−200/−450	−145/−245	−85/−148	−43/−83	−14/−39	0/−18	0/−25	0/−40	0/−63	0/−100	0/−160	0/−250	0/−400	±12.5	+28/+3	+40/+15	+52/+27	+68/+43	+88/+63	+117/+92	+147/+122	+195/+170	+227/+202	+273/+248	+325/+300	+390/+365
140	160	−520/−770	−280/−530	−210/−460	−145/−245	−85/−148	−43/−83	−14/−39	0/−18	0/−25	0/−40	0/−63	0/−100	0/−160	0/−250	0/−400	±12.5	+28/+3	+40/+15	+52/+27	+68/+43	+90/+65	+125/+100	+159/+134	+215/+190	+253/+228	+305/+280	+365/+340	+440/+415
160	180	−580/−830	−310/−560	−230/−480	−145/−245	−85/−148	−43/−83	−14/−39	0/−18	0/−25	0/−40	0/−63	0/−100	0/−160	0/−250	0/−400	±12.5	+28/+3	+40/+15	+52/+27	+68/+43	+93/+68	+133/+108	+171/+146	+235/+210	+277/+252	+335/+310	+405/+380	+490/+465
180	200	−660/−950	−340/−630	−240/−530	−170/−285	−100/−172	−50/−96	−15/−44	0/−20	0/−29	0/−46	0/−72	0/−115	0/−185	0/−290	0/−460	±14.5	+33/+4	+46/+17	+60/+31	+79/+50	+106/+77	+151/+122	+195/+166	+265/+236	+313/+284	+379/+350	+454/+425	+549/+520
200	225	−740/−1030	−380/−670	−260/−550	−170/−285	−100/−172	−50/−96	−15/−44	0/−20	0/−29	0/−46	0/−72	0/−115	0/−185	0/−290	0/−460	±14.5	+33/+4	+46/+17	+60/+31	+79/+50	+109/+80	+159/+130	+209/+180	+287/+258	+339/+310	+414/+385	+499/+470	+604/+575
225	250	−820/−1110	−420/−710	−280/−570	−170/−285	−100/−172	−50/−96	−15/−44	0/−20	0/−29	0/−46	0/−72	0/−115	0/−185	0/−290	0/−460	±14.5	+33/+4	+46/+17	+60/+31	+79/+50	+113/+84	+169/+140	+225/+196	+313/+284	+369/+340	+454/+425	+549/+520	+669/+640
250	280	−920/−1240	−480/−800	−300/−620	−190/−320	−110/−191	−56/−108	−17/−49	0/−23	0/−32	0/−52	0/−81	0/−130	0/−210	0/−320	0/−520	±16	+36/+4	+52/+20	+66/+34	+88/+56	+126/+94	+190/+158	+250/+218	+347/+315	+417/+385	+507/+475	+612/+580	+742/+710
280	315	−1050/−1370	−540/−860	−330/−650	−190/−320	−110/−191	−56/−108	−17/−49	0/−23	0/−32	0/−52	0/−81	0/−130	0/−210	0/−320	0/−520	±16	+36/+4	+52/+20	+66/+34	+88/+56	+130/+98	+202/+170	+272/+240	+382/+350	+457/+425	+557/+525	+668/+650	+822/+790
315	355	−1200/−1560	−600/−960	−360/−720	−210/−350	−125/−214	−62/−119	−18/−54	0/−25	0/−36	0/−57	0/−89	0/−140	0/−230	0/−360	0/−570	±18	+40/+4	+57/+21	+73/+37	+98/+62	+144/+108	+226/+190	+304/+268	+426/+390	+511/+475	+626/+590	+766/+730	+936/+900
355	400	−1350/−1710	−680/−1040	−400/−760	−210/−350	−125/−214	−62/−119	−18/−54	0/−25	0/−36	0/−57	0/−89	0/−140	0/−230	0/−360	0/−570	±18	+40/+4	+57/+21	+73/+37	+98/+62	+150/+114	+244/+208	+330/+294	+471/+435	+566/+530	+696/+660	+856/+820	+1036/+1000
400	450	−1500/−1900	−760/−1160	−440/−840	−230/−385	−135/−232	−68/−131	−20/−60	0/−27	0/−40	0/−63	0/−97	0/−155	0/−250	0/−400	0/−630	±20	+45/+5	+63/+23	+80/+40	+108/+68	+166/+126	+272/+232	+370/+330	+530/+490	+635/+595	+780/+740	+960/+920	+1140/+1100
450	500	−1650/−2050	−840/−1240	−480/−880	−230/−385	−135/−232	−68/−131	−20/−60	0/−27	0/−40	0/−63	0/−97	0/−155	0/−250	0/−400	0/−630	±20	+45/+5	+63/+23	+80/+40	+108/+68	+172/+132	+292/+252	+400/+360	+580/+540	+700/+660	+860/+820	+1040/+1000	+1290/+1250

参 考 文 献

[1] 杨少光. 机电一体化设备的组装与调试. 广西：广西教育出版社，2012.

[2] 曾祥富，陈亚林. 电气安装与维修项目实训. 北京：高等教育出版社，2012.

[3] 张方庆，肖功明. 可编程控制器技术及应用（三菱系列）. 北京：电子工业出版社，2007.

[4] 陈定明. 电机与控制. 北京：高等教育出版社，2004.

[5] 许顺隆，许朝阳. 轻松学电机. 北京：中国电力出版社，2008.

[6] 沈学勤. 极限配合与技术测量. 北京：高等教育出版社，2008.

[7] 董振珂，路大勇. 化工制图. 北京：化学工业出版社，2013.

[8] 李世维. 机械基础. 北京：高等教育出版社，2013.

[9] 刘刚，王志强，房建成. 永磁无刷直流电机控制技术与应用. 北京：机械工业出版社，2008.

[10] 郭晓波. 电机与电力拖动. 北京：北京航空航天大学出版社，2007.

[11] 亚龙教育装备股份有限公司. 亚龙 YL-163A 型电机装配与运行检测实训考核装置说明书.

[12] V1000 使用手册.

[13] 安川伺服驱动器使用手册.

[14] 西门子触摸屏使用说明书.